世界/残酷待你，你要温柔待自己

蓝天 · 著

海峡出版发行集团
THE STRAITS PUBLISHING & DISTRIBUTING GROUP
海峡书局

图书在版编目(CIP)数据

世界残酷待你,你要温柔待自己 / 蓝天著. -- 福州:
海峡书局, 2014.6(2014.10 重印)

ISBN 978-7-80691-918-7

Ⅰ.①世… Ⅱ.①蓝… Ⅲ.①成功心理–通俗读物
Ⅳ.①B848.4-49

中国版本图书馆 CIP 数据核字(2014)第 043293 号

世界残酷待你,你要温柔待自己

- - -

著　　者　蓝　天
出版发行　海峡出版发行集团
　　　　　海峡书局
地　　址　福州市鼓楼区五一北路110号海鑫大厦7楼
邮　　编　350001
印　　刷　廊坊市华北石油华星印务有限公司
开　　本　880 毫米 × 1230毫米　　1/32
印　　张　8. 5
字　　数　272 千
版　　次　2014年6月第1版　　2014年10月第2次印刷
书　　号　ISBN 978-7-80691-918-7
定　　价　29.80元

- - -

序

人生的道路只有一条，但是选择却有千千万。传统的教育一直告诉我们，要努力，要勤奋。只有努力了，奋斗了，你才能达到心中的目标，找到属于你的那份幸福。

但是我们的人生经历却告诉我们，努力面对的经常会是失败，奋斗也会把人带进失望。于是又有人来告诉我们，失败是成功之母，只有经历了失败，才可能找到成功。

失败过后真的就是成功吗？付出就一定能得到回报吗？

也许若干次失败之后，你还没等到成功，而“业未竞，身先老”。也许你满腔热情的付出，换回的只是一切付诸东流的无奈。

“人生何其短，何必苦苦恋。”李宗盛用他的歌告诉我们，我们还能找到另一种选择。放弃执着，放弃那些伟大的梦想，去做一个普通人该做的事，享受一个普通人应有的幸福。

也许成功没有你想象的那么难，它只需要你去做，并加上一丁点儿的幸运就足够了。但是现实告诉我们，即使是很少的幸运，也只能落到少数人头上。就算不是命运的幸运儿，不能得到幸运的眷顾，我们也能走自己的路，没有成功，我们也能过我们可以过的生活。

现代人的眼光越看越远，能够知道的事情也越来越多，但是渴望拥有的也越来越多。我们真的能得到我们所希望的全部吗？假如有一天，我们所有的理想都能轻易地实现，那么幸福是不是就会在我们身边如影随形呢？

没有人能够肯定，拥有的越多，就越幸福。帝王有帝王的幸福，普通人有普通人的快乐。既然你身为普通人，就应该安安静静地享受那份属于你的快乐。

注定了耀眼的光环只能属于少数的明星，注定了站在世界舞台中央的只能是那么几个人。如果你幸好是其中一名，我们很高兴，你是一名成功者。如果你仍然是舞台下的观众，只能在人来人往中向那些天之骄子们投去惊羡的眼光，你也不用气馁。你大可以不去走那条忙忙碌碌的不归路，淡然地去享受属于你自己的快乐！

生活不是舞台，生活不是表演。最重要的是做好一个真实的自己，你的幸福掌握在自己手中，而不是别人的眼中。我们内心真正需要的、自己用心去体会的、从中感到快乐的，就是幸福。别人眼中的羡慕，能给你带来喜悦，但不一定是持久的幸福。也许没有人能拒绝命运的安排，但是我们可以保持良好的心情，用良好的心态去面对未知的世界。

不努力，不是让你什么也不做，也不是让你放纵自己的人生。而是让你不要去做无谓的努力，是让你朝正确的方向去努力，用最少的努力，获得你人生最大的幸福。

埋头苦干也许让你更充实，但是会让你失去更多的机会，错 更多的风景。人生应该寻找自己的快乐，而不是在别人的安排下走过。不服从，不从众，可能会让你在别人眼中变成另类，但是会让你的人生更加自然自在。

我们每个人眼中都有梦想，一些梦想让我们的生命变得丰富多彩，而另一些梦想，最终只能变成空想。怎样让梦想变成现实，怎样让梦想为我们的生活增添光彩，正是本书要讨论的问题之一。

既然努力不一定成功，那么我们是不是应该放弃努力，放任自流呢？既然失败过后不一定是成功，那么我们的努力，我们的付出还有什么价值？

和所有的励志书一样，本书不一定能告诉你怎样一步步地去做，但是它能改变你的思维，让你重新来思考人生。让你发现，原来做一个普通人也能够算得上成功，也能够幸福！

目　录

第三章　你变了，世界就变了

第四章　人生不是舞台，生活不是表演

第五章　你原本无须这么辛苦

第六章　不务正业又何妨

第七章　做好生命中最重要的

第八章　给自己一些多余的时间

第一章

做内心强大的自己

在不少人的想法中有个误区，他们并不能确定幸福的含义，只是把幸福当作一种虚无的目标来追求。很多人渴望幸福，但是他们并没有认真地思考过幸福的含义。人们习惯于把幸福停留为生命的某一刻，而忽略了那些点点滴滴的存在。

安静做自己

一直以来我们所受的教育告诉我们：要成功，你就得付出比别人更多的努力。

读书，你要“三更起，五更眠”，要“头悬梁，锥刺股”；做事，你要“早起的鸟儿有虫吃”，要“吃得苦中苦”，方能“做得人上人”……所有的故事和格言都告诉你，努力才是王道，总之，如果你想要成功，就得付出艰辛困苦的代价。

事实真的是这样吗？这世界上从来不乏吃苦耐劳的人，但是他们中的大多数人却一直生活在社会的底层，一辈子也没见到所谓的“出人头地”的那一天。是他们努力得不够，还是流的汗水不够多？

诚然，很多人天生就是平凡人，注定不可能让绝大多数的人成为“人上人”。

为什么有些人轻易地就走上成功之路呢？成功真的需要坚韧不拔的意志，需要铁棒磨成针的恒心吗？

一位中国留学生在耶鲁大学时有幸认识了很多名人，这些人大都是各行各业的佼佼者。在和这些名人的交往中，他发现名人们在日常生活中并没有表现出过人的勤奋。他们中的大多数人和普通人一样地生活，一样地工作，一样地休闲，一样地会在校园里到处走动。而且他们的周围也没因为他们的名气而表现出什么特别的，没有因为他们是名人而走到哪里都会带来一大群人围观，也没有人看到他们而纵情欢呼，高呼“我爱你”。偶尔会有人找他们签名，但是并没有表现得那样狂热。

这位好奇的学生试着解开这些名人成功的秘密，他就相同的问题问了他们中间的很多人。得出的答案无一例外：平平常常去工作就够了，用普通人的心态，做好自己该做的。

心有不甘的留学生不满足这个简单的答案，他相信这些人一定有些话没有对他说。后来的日子里，他花费了很多时间去观察，甚至想方设法去观看了一些名人的工作过程。最后他终于相信了，这些人说得没错，他们和普通人一样，只是做好了他们应该做的事。

成功就是这样简单：做好你应该做的事。

不需要在别人酣睡时你就起床开始工作，不需要废寝忘食，不需要总是面对绝望和困难，只要你认认真真地做好你该做的事情就够了。

说到这里，很多人也许会不相信地问：既然成功这样容易，那么我们中间的大多数人都是如你所说的在工作，为什么我们没有成功呢？

在回答这个问题前，我们首先得弄清一个概念：什么叫作成功？

人们的想法中有个误区，一提起成功就是出人头地，就是成为人上人，就是被众人簇拥。成功了，就得锦衣玉食，美女成群，走在红地毯上，鲜花和掌声围绕。这些只是成功者面对的一种表面现象，或者说，是观众看到的一种表面现象，并不能代表成功的全部。

百度一下成功的定义：成功就是逐步实现有价值的理想，得到你想要的结果。详细解释：成功是在不侵犯他人权利的前提条件下，从生活中获取自己想要的成就的过程。

这就是说，成功其实是一种个人行为，是个人理想的实现过程。不是成为名人，也不是成为明星。这个解释和我们前面所说的相同，那就是成功就是做好你自己。

一些所谓的成功人士在谈起成功时，总是会夸大自己所付出的努力。

一个企业家成功了，面对镜头，他会回想起当初他怎样举步维艰，怎样四面楚歌，又怎样面对困境，最终取得了今天这样的成就；一个作家成功了，他会向人们讲起他曾经经历过多少次退稿，怎样三更半夜地挑灯夜战，怎样字斟句酌地改稿，怎样一篇稿子修改无数遍；一个官员成功了，他会告诉别人仕途的艰难，他是怎样经得住诱惑，耐得住考验……很多类似的事情都在告诉我们，要做成一件事情是多么的难。

但是那些成功人士身边的人常常会对此露出质疑，因为他们并没有看到那些与常人所不同的努力，或者与常人所不同的行为。

他们的质疑是对的，成功者大多数也就是一些普普通通的人，做着普普通通的事。

走投无路，似乎面临绝境的事情在我们很多人身上都发生过。我们大多数人都挺过来了，只是最后的结果不会完全一样而已。有的人走过绝境，他面临的是一马平川，鲜花如锦，而有的人走过绝境后面临的是另一个绝境。

我曾认识一位开服装厂的老板，他给我讲起经济不景气的时候他是怎样度过的。那时很多服装厂纷纷倒闭，而他只是一个偶然的机会得到了一家外贸公司的一个出口订单，让他的厂得以支撑下来。后来说起这件事，他说，在拿到这个订单之前，他已经开始计划解散工人，准备盘点剩余的资产了。这个订单救了工厂，也使他免于陷入困顿之中。

事情就是这样，有时候一个意外事件就会使它向全然不同的方向发展。一些励志书告诉人们，在失败来临时要尽量地坚持，成功会在最后一刻来临。

很多人坚持了，但是成功并没有来临，就在他完全承认失败后，成功的机会也并没有出现。

事情的结果也常常是这样：一些人放弃了，机会却真的在他放弃后出现了。于是人们把他们的失败归功于不肯坚持下去。但是试问有几个人在前途一片渺茫时能够肯定机会能出现，能够有信心让自己不动摇呢？

而另外一些人，他们没有坚持机会也同样来了。这类人被人们称为幸运者，似乎他们的成功与他们是否努力和是否坚持毫无关系。

这里我要说的是，成功并没有公式，机会的来临也没有规律。

有人说，成功等于百分之九十九的努力加百分之一的运气。是的，不去做永远不会成功，所以百分之九十九的人都在努力。但是没有百分之一的运气，那百分之九十九的努力大多数会付诸东流，所以努力的人那么多，最后达到愿望的人却那样少。

不要责怪运气，机会并没有厚待任何人，之所以成功的只是少数人，那是因为成功之巅只有那样大的地方，只能站下那几个人。

就如运动场上，每个运动员都曾经在训练场上努力过，都曾经洒下过无数的汗水，但是冠军永远只有一个。

我这样说并不是要人们放弃努力，而是试着向大家解释所谓的成功并不一定就是站到冠军的领奖台上。你可以试着在自己的潜意识中修改--下成功的定义。

和成功的结果相比，我更倾向于认为成功只是一个过程。人生无论怎样辉煌，我们最终的结局都是一样。

有人曾说，相对于浩瀚的宇宙，人类是那样的微不足道，个人更是如同微尘。于是有人发明了精神力量这种说法，用它来征服广阔的宇宙。

其实，退一步海阔天空，作为个人来说，承认自己的渺小又如何？这和我们是否成功并不相矛盾。

做好你自己，做一个幸福的开心的自己，就是成功。

成功者也许会孤独，也许会遇上一些困难和挫折，但是成功并不会像你想象的那样难。

不需要你付出更多的努力，也不需要你有过人的智慧，更不需要你有钢铁般的毅力和超人般的体能。安安静静地做好你自己就是成功，就是一个幸福的成功的人。

是谁偷走了我们的幸福

幸福是什么？

杂志社在一次对公众的测试中问到了这个问题，收集到的答案各不相同，在研究这些答案时我们发现，很多人在回答这个问题时会有这样一种格式：“幸福是……时。”中间省略的部分有“当我考上大学”，有“当我发工资”，还有“当我 18 岁”“当我成为明星”“当暑假来临”“当我追到心仪的女生”……这一类的答案有一个共同点，就是它们把幸福寄托在未来的某一件事情的来临上。人们总是认为，当自己实现某种目标，或者达成某种愿望时，自己的要求得到满足时，就必定是幸福的。

这种把幸福寄托在一种假想的生活上面的想法其实是错误的。人们在追求某种不可知的东西时，心里总是会认为，得到它就是幸福。但是实际上得到某种东西的获得只会给人带来心理上的满足感，这种满足感未必会是真正的幸福。

大多数人有个爱承诺的毛病，他们或者对别人，或者对自己许下承诺，告诉自己明天会更好。有了这些承诺之后，他们就沉浸在对明天的期待之中，忘记了今天的努力。

这种期待明天会更好的心理，其实是对幸福的错觉。这种错觉常常让我们忘记了抓住今天，抓住当下的幸福。

生活水平一直在提高，人们的幸福感却一直在下降。

是谁偷走了我们的幸福？

有个当红歌手回忆说，当他第一次拿到全国大奖赛冠军时他所在的那个小镇上全轰动了，朋友们为庆祝他的胜利举行了狂欢活动。在这之前，他一直努力地练歌，按着声乐老师的指导进行训练。那时候他以为，如果能在歌坛占领一席之地就是幸福的。

在朋友们高兴地拥着他接受认识和不认识的人的祝贺时，当所有的人都以他为中心时，他也觉得自己终于成功了，认为得到了人生中真正的幸福。但是那天夜深人静时，当一切喧嚣都离开时，他一个人坐在房间里，想找一首歌来听，好慢慢体会那幸福的感觉。不知不觉中，他找的竟然是一首伤感的歌。当歌声在房间回荡时，他体会到的并不是幸福，而是一种失落的感觉。就在那一瞬间，他发现自己体会到的不是幸福感，而是一种仿佛独自身处旷野中、忧伤孤独的感觉。他想不明白，自己从十多岁就开始练歌，所追求的到底是什么？

我们每个人都有过类似的体会，当我们所追求的目标如期而至时，我们所体会到的常常并不是想象中的那种幸福感。而是一种不知所措，觉得未来无迹可循的空虚感。这种感觉表明，重要的人生目标是人类进步精神中必不可少的，但是它并不一定能给人带来幸福感。

一些人喜欢崇拜偶像，他们追寻偶像的一切经历，认为能够和偶像生活在一起会是最大的幸福，会让自己从此没有烦恼。

假如他们真的有机会与自己心中的偶像面对面，他们能够亲自问自己的偶像生活怎样的话，结果往往会让他们大跌眼镜。很多明星很坦白地告诉自己的粉丝，自己的生活并不是如他们所想象的天堂般美好。

即便是耀眼如星光的明星，也一样有普通人的烦恼，也会苦闷，也会为了生活中的一些事情而不知所措。

如何才能得到真正的幸福呢？

我曾经问一个久病的朋友关于幸福这个问题。他回答说，幸福就是活着。

这个朋友得的是一种大家都很熟悉的可怕的病：白血病。在回答我这个问题时，他已经整整在病床上躺了一年时间。他的女朋友一直对他不离不弃。当女朋友为他削好苹果，切下一块送到他嘴边时，我看到他脸上露出一丝笑容。在这一瞬间那因为病痛的折磨而变得苍白的脸色竟然出现了一丝红润。

看到这一幕，我感动了。这是一对没有明天的恋人，但是在这一刻，有谁能说他们不是幸福的呢？

幸福就是活着，就是我们珍惜眼前所拥有的一切。

我们总以为有多余的时间去实现很多事情，于是我们等待，我们把今天放弃，只是为了那不可知的明天。

一个少女去夏威夷度假回来。她幸福地对朋友们说：“真是一个美丽的地方，海浪、沙滩、阳光……我从来没有见过的风景！那简直是美梦成真!”然后她往床上一躺，说：“天啦！回家的感觉真好!”

不管期待中的幸福怎样美好，但是它永远没有现实的生活那样能给予你真实的幸福感。如果你不能把握好现在的幸福，你又凭什么来期待那未知的明天呢?

幸福就是今天，就是我们现在正在经历的每一刻。

有一种说法：为了明天的幸福，所以今天要辛苦和努力。

今天的辛苦和明天的幸福是成正比的吗？逻辑上好像是这样，但是仔细看看现实我们就会发现，今天的辛苦并不一定会带来明天的幸福。

一位单身母亲，辛辛苦苦把自己的两个孩子养大，让他们读书。孩子们也很争气，学习成绩非常优异。旁人看了安慰这位母亲说，等孩子们长大了就好了，到时你就可以安心享福了。这位母亲也含泪点头称是。

若干年后，孩子们长大了，中间这位母亲所受的辛苦是可想而知的。两个孩子一个在北京读的书，留在了北京；另一个移民去了国外。剩下这位母亲孤独一人待在家里，她开始怀念起那些孩子们在身边时的艰苦时光来。原来那些失去的时光，那些艰辛的岁月才是她最幸福的时候。

曾经看过一篇短文，题目记得不大清楚了，大意是“草还会长出来，可是孩子不会再回来了”。刚看到这个文章题目时我以为讲的是父母失去了孩子。看下去才明白，原来是一对年迈的夫妇，在他们的孩子长大远离后，面对窗外生长茂盛的草地的感慨。当年他们曾因为孩子带着同伴到草地上玩耍让那些草儿无法正常生长而烦恼。现在才明白，相对于孩子欢笑带来的幸福和快乐，草地的生长受到影响是多么的微不足道。

仔细看看我们周围的人就会发现，今天努力辛苦的工作着的人们，明天或者明年，他们一样辛勤努力地劳动着。也许对他们来说，努力的工作本身就是一件幸福的事情，如果让他们停止工作，他们反而会变得不知所措。

现在我们可以明白了，真正的幸福并不是怎样让痛苦和烦恼远离你，而在于你用怎样的心境去面对现实，心境变了，那些原本让你认为是烦恼的事情，也许能变成一些快乐的事情。

幸福就是，做一个你想要做的人，做一些你想做的事，和你爱的人在一起，说一些你们都能听懂的话。

真正懂得幸福的人，是那些能够抓住现实中的点点滴滴，懂得珍惜现在所拥有的一切的人。

在人们的想法中有个误区，那就是他们并不能确定幸福的定义，而只是把幸福当作一种虚无的目标来追求。很多人渴望幸福，但是他们并没有认真地思考过幸福的含义。人们习惯于把幸福定义为生命的每一刻，而忽略了那些点点滴滴的生活的存在。

有人说，幸福就是“猫吃鱼，狗吃肉，奥特曼打小怪兽”。一直以为这句话十分正确，幸福就是做好我们正在做和我们想做的事情。仔细观察，我们会发现，生活中幸福无处不在。“风在林梢鸟在叫”，举目四顾，总有让我们感动、觉得幸福的地方。

帝王有帝王的幸福，乞丐有乞丐的快乐，平常人有平常人的幸福，我们没有必要把自己的幸福建立在一些无谓的追求上面。做好现在的自己，就能找到属于我们自己的幸福。

做最好的自己

认为幸福是以成功为基础的人有一种错误的想法，他们认为但凡成功者，只要是取得一定成就的人，都是那些优秀的人。

有个所谓的“木桶定律”，在这个定律下，一个人能有多大成就，取决于他的最差的那方面。这个定律是这样的：木桶能够装多少水，取决于它最短的那块木板，在这种情形下，人能取得多大的成就，也就取决于他们最差的某一方面。

因为听信了这种定律，人们开始拼命地向那些自己并不擅长的领域来努力。

兔子不会游泳，所以兔爸爸每天带它去河边学游泳，盼望能加长他的这块最短的板；小鸭子跑步太差，鸭妈妈每天五点逼它起床跑步，希望它能在下届运动会上夺得跑步金牌。

试问一个人怎么可能让自己成为全能的，怎么可能让自己在所有的方面无所不能。

看看我们周围的人，有多少人在做自己的人生规划时总是用类似的方式来努力提高自己的弱项。

一个人在各方面都比别人强，可能吗？

大家都只是普通人不是超人，就算是超人，也并没有人见他能说二十国语言，能解数学家都不一定能解的方程式。

那些在某些方面取得成功的人，是他们专注于某一点上，而持之以恒的结果，并不是他们全面开花，在所有的事情上都下大功夫的结果。

一个有名的数学家写了一篇散文，一个外交部长写了一首诗，于是大家都来吹捧。说这散文如何如何，这个数学家是全才；又说这外交部长怎样有格调，能写出这样好的诗。

老实说，我看不出那散文和诗有多好。同样水平的文章和诗词如果出自普通人手中，最多也就是让人付之一笑。有人吹捧它们，不过是因为它们的主人的成就。而这成就是因为它们的作者在数学领域取得的成就，在政府部门身为高官，不是因为它们的主人是学者是诗人，真的有多高的文学修养。

在很多人眼中，那些取得成功的人，往往并不是那样优秀，就是出于这种比较，人们总是习惯于拿那些成功人士的短处来和别人比较，因为这样的结果会让人得到心理上的平衡。

兔子取得了奥运会冠军，乌龟不服气，去找兔子比赛。比什么，乌龟提出两人比游泳。于是兔子输了，乌龟则到处宣扬，称自己和兔子比赛赢了。

在选择人生方向时很多人会有一种从众意识，一个人在某个方面取得了成功，每个人都从他身上看到了成功的希望。大家全在同一时刻恍然大悟，原来这样也可以成功。于是大家一拥而上，开始纷纷挤到那条路上。

这样的例子在生活中举不胜数。钢琴王子李云迪在十四届肖邦国际钢琴比赛上夺冠，成为肖邦赛事开办七十三年来最年轻的夺冠选手。很快全国到处掀起了钢琴热，不管有音乐天赋没音乐天赋，大家纷纷开始学钢琴。刘谦在春晚表演魔术，一夜走红，大家发现，原来变魔术可以成功。转眼间魔术培训班，魔术道具销售广告布满各种媒介。

这里不是要说魔术表演不好，或者是弹钢琴不对，但是一味地把成功放在模仿和跟着别人后面跑，不顾自己的实际情况，肯定是一件错误的、得不偿失的事情。

一个人想在某方面取得成就，就要学会放弃，懂得取舍。

有位年轻的朋友想成就一番事业，却不知怎样开始，于是他向一位大师请教。大师赠他一副对联——“无所不为一无所为，有所不为大有所为。”

木桶能装多少水取决于它最短的那块板，但是这和一个人要成功并没有太大的联系，即使在推崇所谓“全才”的今天，一个人能取得多大的成就也往往取决于他最擅长的才能方面。

没有人是万能的，你不可能在所有的事情上都变得优秀。众所周知，成功者中没有人能在所有的方面，在所有的事情上都优秀于别人。

梵高内心孤独，但是并不妨碍他是个天才的画家，也没能阻止他画出传世名作，他的有些作品甚至是在他疯颠的状态下完成的。身材矮小的鲁迅，显然无法去参加选美比赛，但是这并不妨碍他成为一代文学大师。

如果你某个方面不如别人，不用烦恼，也不用费尽心力地去努力超越。你大可以坦然处之，承认人与人之间的差别，比一味地去和别人比较要轻松得多。

我们除了他人比较外，有时候还爱和动物比较。没有人能考证是从什么时候开始，在人类的语言文字中多了拟人化这种修辞手法。于是人们纷纷把各种动物植物比作人类，之后人类凭着丰富的想象力又开始把人类比作各种非人的生物。人类的想象力是无穷的，“天高任鸟飞，海阔凭鱼跃”，在各种想象中，人类学会了像鸟一样飞，学会了像鱼一样游水。但是迄今为止，就算有了飞行器潜水艇的帮助，人类也不得不承认，人就是人，永远无法像鸟一样自由地翱翔于蓝天，也无法像鱼儿一样以水为生。

每种生物所具有的才能都有其局限性，人类也不例外。承认这种能力上的不足，是理智而不是认输。人类如果一定要比，除了和动物比大脑，比制造和使用工具外，在人类的其他方面，并不占什么优势。

尽管明知道自己不是万能的，但是很多人却总希望自己能拥有很多方面的能力。人们分析了自己的大脑，得出的结论是使用过的部分不到十分之一，于是一些人认为，自己还能比现在聪明十倍，能做出多于十倍现在的事情来。

有个青年向爱因斯坦讨教怎样学习。他给爱因斯坦看了他的学习计划：每天早晨起床后，他花两个小时学习文学，两个小时学习数学，两小时学习化学，两小时学习物理，还有两小时学习天文……这个青年对爱因斯坦说："要学的东西太多了，我发现我的时间怎么也不够。"

爱因斯坦说："从相对论上来说，你想学的东西越多，你所具有的时间就会越短，直至没有；同样地，如果什么也不想学，那么你的时间同样和没有一样消失掉。"

爱因斯坦是要告诉这个青年，他不可能同时学好所有的东西，做一个万能的学者。

承认生命的平凡性，远比去追求那些虚无的东西更为重要。

有人说，生命就是不断地去追求。这话没错，但是不管怎样，我们也无法用有限的人生去追求全部。

所以，不断地加长你人生中最长的那块板，才是人生成功的关键。木板效应也许适合一个团队，适合一个群体，但是不可能在一个人身上得到全部的体验。

当然，我们也不要因为放弃最短的那块板，而把身上所有的板都忘记加长。一些人的理论是：如果某项知识是无用的，那么所有的知识都是无用的。我在工厂里面听到两个工人在聊天，其中一个说，现在读书没用，他自己亲自看到有大学生找工作，没有人要，即使有单位要，给的月薪还不如他的多。这位工人说着这些，满脸自豪地说，我以后也不让我儿子读多少书，等他大些了，让他出来和我一样打工算了。

我走过去，告诉这位工人，是有大学生找工作很难，但是有知识的人，和没学过知识的人相比较的话，还是读过书的人找工作容易，而且他们的发展前途也更大。你不能看一时，而误了孩子的一辈子。

不仅社会上的一些成年人，很多在校的学生，小孩子也一样持这种观点。网上看到一个有趣的帖子：“你不约会不谈恋爱不出去玩不喝酒不逛街不疯不闹不叛逆不追星不暗恋不表白不聚会不 K 歌不撒野因为你要学习，请问你的青春被狗吃了么?”

后面有个回答很有趣：“你约会恋爱出去玩喝酒逛街疯闹判叛追星暗恋表白聚会 K 歌撒野不学习，请问你的青春狗愿意吃么?”

看完这个回答很多人都会会心一笑。人生如此丰富多彩，我们确实能有很多选择。选择丰富多彩的人生，还是按自己的方向去努力，是每个人的自由。你可以去拼搏去努力，也可以选择做个生活丰富多彩的平凡人，但是不管怎样，有知识能思考地活着，也是人类的快乐之一。

今天
与其抱怨昨天，不如实实在在地过好

皇帝久在皇宫，厌倦了国家大事和宫中的生活，于是私自带着心腹出宫游玩。却看到一个身无长物的乞丐在悠然自得地晒太阳。于是皇帝命人上前问乞丐为什么这样快乐。乞丐回答：“今天没有狂风暴雨，我不用担心风吹雨打，怎么会不快乐呢？”

以皇帝之富有，尚有烦恼，以乞丐之赤贫，也能快乐！不贪图奢侈，不为物欲所累的人，生活得潇洒自在。另一些人刚好相反，他们的眼睛永远盯着那些不属于自己的东西，想要得到的总是很多很多，这类人永远是生活在烦恼之中。

两个兄弟一起上山打柴。弟弟羡慕地对哥哥说：“哥啊，你说还是做皇帝好，我看他砍柴都是用的金斧头呢！”哥哥不屑地对弟弟说：“做皇帝哪里用砍柴。他每天就在家里坐着啃猪蹄就行了。”

皇帝不用砍柴，当然也不是每天坐在家里啃猪蹄。普通人想象不出帝王的生活，但是也没有帝王的烦恼。帝王没有普通人的忧愁，自然他们也没有普通人的快乐。

没有人是真正的一无所有，对于世界来说，人类微小如尘埃，但是对于人类本身来说，每个人就是自己的全部。

你可以卑微，你可以贫穷，但是对那些你身边的人来说，你就是全世界。

有些时候我们以为自己失去了全部，一无所有。但是过后我们就会发现，那只是我们在心境很差时的一种想象。我们并没有失去全部，生活也从没有把我们逼到真正的绝境。

诚然，生命中有那么多不如意，但是这也应该正是使我们坚强的理由。

一个小孩抱怨说："我要离开这个鬼地方，这里没有钱，没有好玩的地方，没有可爱的女孩子……"

他提着行李走出门时，发现他的父亲追了过来。他大声说："不要拉住我，我厌倦了这个地方。"

他的父亲气喘吁吁地说："我不是来劝你留下的，我是请求你带上我一起走。"

无论我们怎样抱怨生活，怎样对我们自己的现状不满意，等我们静下心来回过头看看就能发现，总有一些人对我们不离不弃，总有一些美好的事物一直跟随着我们。

在抱怨自己拥有的不够时，人们的想法总是偏执于某一点上，他们并没有看到事物的全部。

一位企业家因为他事业的成功频频受到媒体的采访，年轻人到处找关于他的励志书籍看，大家都把他当成自己人生的楷模。

但是这位企业家私下说，如果可以重新选择，他会选择一个与现在完全不同的人生。他说，为了事业他放弃了很多平常人的快乐。他没有休闲，很少回家吃饭，没有时间陪自己的妻子孩子。他有点心酸地告诉朋友，在儿子五岁时他回到家里，儿子竟然对他妈妈说："妈妈，来客人了。"

每个人都拥有不同的人生经历和不同的生活，并不见得哪一种就一定是唯一正确和幸福的人生。生活只是一种选择，你可以过任何你选择的生活，但是没有理由去抱怨。

两个同事工作时一起吃从家里带来的午饭。其中一个一打开饭盒，就抱怨道："又是瘦肉炒青椒，我讨厌这个！"接下去的两天，每到吃饭时他打开饭盒总是重复同样的话。他的同事实在忍不住了问他："既然你这样讨厌这个菜，为什么不让你老婆给你准备别的东西呢？"

他瞪大眼睛回答："你开什么玩笑，我每天的午饭是我自己准备的。"

生活中每天都有同样的事情发生，我们大多数人的生活都是自己选择的结果。人们习惯了去抱怨生活，却忘记了自己做出改变。

有人抱怨自己所学的专业，称工作太累薪水太少；有人抱怨自己的女朋友不够温柔可人，性格太凶；有人想去旅游，抱怨自己没有足够的钱……总有各种各样的不满意值得人们去抱怨，去告诉人们自己是多么不幸。

为什么不试着从自己开始改变呢？对工作不满意的，你可以学习别的知识，早日换一个你想要的工作；觉得女朋友不够温柔的，当初可是你每天一封情书一小时一个短信追到她的，她也没有特意地在你面前伪装过什么；抱怨自己钱不够花的就更不值得同情了，因为你总是在每个月发工资后五天之内把它们花得一分不剩。

不要为自己所失去的抱怨，你今天的境遇都是你昨天努力的结果。同样地，你明天会是怎样，就是你今天行为的结果。

你不是一无所有，与其坐下来抱怨昨天，不如认认真真地去行动，实实在在地过好今天。

做一个快乐的吃鱼者

有个流传很久的故事，两个走投无路的年轻人遇到一位渔夫，渔夫问他们需要什么。其中一位年轻人说他需要些鱼，而另一位说他要捕鱼的工具。渔夫满足了他们的要求，两个年轻人谢过渔夫之后各奔东西。

得到鱼的年轻人开始煮鱼吃，在过了一段时间的好日子后，鱼吃完了，他又开始了挨饿的日子。拿到捕鱼工具的年轻人却不同，他来到海边开始用工具捕鱼，每天都有收获。结果一年后他买了条船，请人帮他捕鱼，几年后他有了更多的船，请了更多的人给他做事。最后他成了大富翁。

这个故事说明“授人以鱼不如授人以渔”，告诉人们给人钱财不如教人赚钱的本领。但是故事的另一个结局却刚好相反。

两个年轻人得到渔夫的赠予后分开了。得到鱼的年轻人将渔夫给他的鱼煮来在路上吃，他精神满满地到了海边。刚到海边时他帮人捕鱼，慢慢他攒了些钱，自己买了捕鱼的工具开始为自己做事。最后他建了个冷库，收购别人捕来的鱼，成了富翁。拿到捕鱼工具的年轻人拿到工具后，也开始向海边走去，路上他开始感觉到肚子饿，虽然他尽力去克制，可是实在太饿了，他还没能走到海边就支撑不住饿死了。

相同的故事不同的结局，人生也同样如此。

人们往往会嘲笑那个向渔夫要鱼的青年短视，殊不知我们大多数人在面临这样的选择的时候往往会做同样的选择，而且这样的选择是无可厚非的。

选择捕鱼工具虽然给自己选择了更多的机会，但是并不一定就等于真正的成功。并不是得到一套捕鱼的工具就一定有机会捕到很多大鱼。成功有着它的不可复制性，一个人得到别人成功的经验后去照着做，他未必一定会成功。

就和这个故事一样，同样的人生也会有不同的结局。人生的道路上有太多的不可预测性，授人以渔，是告诉了别人该怎样做。试问，又有谁肯完全地把自己的人生交给别人来规划，谁又能肯定自己未来一定能照着别人所说的去做呢？

我们常见的那些通过个人奋斗而改变命运的人当中，没有多少是因为一句警语或者一个方法而获益的。真正来说，那些靠赠予来改变命运的，大多数是物质上的东西，是“鱼”而非“渔”。

一个商人和一个极度贫困的山里人签了个合同。山里人帮商人种竹子，等竹子长大后，商人高价回收。合同规定，所种的竹子不得作为他用，否则就视为违约，要赔偿违约金。

竹子长大了，商人还没过来。这时一个外乡人来到山里人家考察投资环境，说是想投资一个旅游项目。他到山里人家，发现他们吃饭用的只是些木棍，贫穷让他们连像样点的筷子都没有。这个前来考察的人对别人说，这家人太懒惰，守着那么多竹子，连双像样的筷子都没有，这样的人自己不愿和他合作。

有人劝山里人砍些竹子做些筷子和椅子之类的东西，免得家里太过寒酸。

山里人没有听这些人的话，他记得种这些竹子是和人签过合同的。

又过了一年，商人来了，按高价收走了山里人的竹子。

那个来考察旅游项目的人，是商人让人假扮的。

奸诈的商人说："成功就是抓住机会改变自己。"他的话没错，告诉了山里人怎样成功，但是这只是一个阴谋。幸好诚实的山里人并不会想太多，他只知道说出的话就一定要守信。

人生中，我们也经常面临类似的机会。有些人说，机会是给那些有准备的人的，于是很多人总是不顾一切地去抓住那些并不知道是什么的东西。就如买彩票一样，极少数人中奖了，大家就以为每个人都会中奖。殊不知这些中奖者的背后往往会有数不清的人血本无归。

一位母亲让她的孩子去打油。一个碗装不下，那孩子就把碗翻过来，让店主把剩余的油倒在碗底。

回到家，妈妈看到孩子用碗底装回来的那一点点油问："怎么只有这样一点?"

孩子把碗转过来，碗底的油也洒掉了。

大家都是那个买油的孩子，总是在想着碗里那些不知哪里去了的油的时候，而失去了碗底的油，最后两手空空。

人生原本就是不完美的，你不可能拥有全部。你所能得到的和你所想得到的不会完全相同，放下该放下的，接受能够得到的。学会包容不完美的，也许它就是你能够拥有的全部。

诚然，拥有更高的人生理想没错，一个人想得到更多也可以理解。但是想要的和能够得到的之间有个清楚的界限。要鱼的青年也许一开始就明白自己并无捕鱼的才能，捕鱼工具对他毫无用处，他能够明确自己的才能和目标。

人们常常嘲笑那些办事半途而废的人，觉得他们没有毅力，做事有始无终。事实是，即便他们真正坚持下去也未必一定会得到好的结果。

个人的能力和许多外在的因素限制了我们最初的成功，错误的不在半途而废，而在当初的开始。

选择“鱼”还是“渔”？是一个要考虑的问题。这是一个不稳定的时代，社会飞速发展，不管是人生还是工作，都跟着变得极为不稳定。据说日本人往往会在一个公司工作一辈子，但是中国人却相反。大家常常是骑驴找马，遇到在某些方面、条件比现在工作单位更好的就会马上跳槽。人员流失频繁，于是用人单位得不停地招新人，这也给了找工作者更多的机会。这些机会却常常是别人丢弃的，虽然不一定是最好的，但是只要在感觉上它们强过我们曾经的选择，人们也会往往先做着。这样，以后再遇到好的机会，就会毫不犹豫地再次跳槽。大家都往高处爬，都想去做那个捕鱼者，都去向往那些捕鱼的工具。最后的结果是大家都不停地忙忙碌碌，既错过了“渔”又错过了“鱼”。

选择“鱼”虽然可能错过机会，对一些人却是一种理智的选择。如果本身没有捕鱼的本事，拿着一套捕鱼工具也没用，倒不如让那些会捕鱼的人用工具去捕鱼，自己安心地做个吃鱼者。

第二章 飞得更高，不如飞得更好

不是所有的花儿最后都会成为果实，也不是所有的种子最终都会发芽，即便发芽了，也不是所有的幼苗都能长成参天大树，造化如此，世界虽大，能够让我们施展的空间也就这样大，注定只能有极少数的人最终站在山顶。

慢慢来，不要急

有个偏远山村的少年，在他八岁时上学了，在学校他学到了很多东西。在这之前他一直生活在山里面，到的最远的地方是家里房子后面那座高山。他曾爬到那山顶上去往远处看，看到的只是一座座的山峰连绵不绝。

学校的老师告诉他，这个世界很大，山外面有城市，有高楼，有宽阔的马路，更远的地方有海洋，海洋中有美丽的鱼，还有海岛。

听了老师的话少年很羡慕，他希望自己有一天能走出这大山去，亲眼看看外面的世界。有一天，他和老师谈起自己的理想。听着听着，老师眼里竟然泛起泪水。他很惊异，就小心翼翼地问老师怎么了。老师告诉他，当自己还是个翩翩少年时，也和他一样，一直希望能到山外面去看看。

他明白了，老师自己也没能亲眼去看外面的世界。老师讲给他听的都是从书上和老师的老师那里得来的。

故事的后半部分有些让人伤感。少年长大了，他也没能像自己想象的一样走出大山去。原来的老师老了，他接替了老师的位置，向那些比他更小的山里孩子讲述山外的故事。

这不是一个故事，是发生在很多人身边真实的事。

这类事情在我们生活中数不胜数。对于我们大多数人来说，我们所处的境地和我们所期待的有着太大的距离。

这是一个神奇的时代，现代传媒的高速发展，让我们知道了更多。坐在家里我们就能知道地球另一边发生的事情，我们可以在凌晨四点起床看伦敦奥运会的开幕式而不必担心路途遥远；我们可以通过电视画面看到探索者号在火星上活动。一切都似乎近在眼前，但是一切又是那样遥远。清晰可见似乎触手可及，但是远到你今生也无法真正面对。

追求那些遥远的梦想并没有错，但是我们的目光越看越远，我们的追求越来越高。这些梦想和追求是否超过了我们能力极限？

天才推动社会进步，普通人延续人类。每类人都有他独特的位置，如果你没有推动社会进步的能力，那么安于平凡地做个普通人也并没有错。我们可以有梦想，可以期待一飞冲天，但是首先我们必须做好现在的自己。

丑小鸭之所以能飞上天是因为它原本就是一只天鹅，没有人会期待一群鸭子在天上飞。

曾经看到一幅漫画，一个人坐在井底，坐在一台电视机前，电视上正播放着一幅海阔天空的画面，井外面鸟儿在飞。这幅画的题名为“现代井底之蛙”。

我不知道这幅画的作者想说什么，说人们不该坐在家里看电视？说电视上播出的节目与真实的不同？

青蛙之所以在井底，是因为它没有翅膀。鸟儿之所以在天空，是因为鸟儿天生能够飞翔。天生能力上的限制决定了我们所处的位置和我们所能到达的距离，能看多远，并不代表就能走多远。

每个人内心都希望自己是一只飞鸟，一只能够嬉戏于蓝天白云间的鸟儿。但是现实中绝大多数人只能是青蛙，一只平凡的，只能在井底抬头看天的青蛙。

承认人类的平凡性似乎有些残酷，这会让很多人梦想破灭。但是理智地面对自身的平凡远比不着边际的异想天开要好。癞蛤蟆不可笑，他想吃到天上的天鹅肉才可笑。

能看多远，肯定不代表能飞多远。即使不使用高科技技术，我们在晚上也能看到天上无数的星星，那每一颗星星都是一个星球。

赵传在歌中唱到“我是一只小小鸟，想要飞却飞不高”。喜欢听这首歌，因为心中一直有只小小鸟，想飞却一直无法飞。

想做一只会飞的鸟没错，但是如果本身没有翅膀，不管你能看多远，我想还是得安心在井底做一只青蛙。

井底的生活范围虽然很小，但是这是属于你自己的生活，它是你生命不可分割的一部分。在这属于你的范围内好好努力，你依然能够获得意想不到的成功。

沃尔玛是全世界最大的零售商，由美国零售业的传奇人物山姆·沃尔玛1962年在阿肯色州成立。经过四十余年的发展，目前的沃尔玛在全球开设了超过五千家商场，员工人数两百多万，销售额稳居世界五百强企业榜首。

这样一家世界级的大企业，却是由它的创始人山姆·沃尔玛由阿肯色州的一个小镇上开始的。

山姆·沃尔玛曾经说过："财富在你周围二十五米以内。"

在开始第一家零售商店之初，山姆并没有想到今天这样的成就，没想到成为世界级的大企业。他只是一步步地从自己手边的事情开始努力，最终让沃尔玛达到了今天这样的成就。

能够看多远，只能让你人生有个目标。真正的成功者都是在身边小事上努力，如果山姆一开始成立一个小商店时，就把目标定为世界级的大企业，也许他永远也不能成功。

看得远了就会想得多，思维变了，做事的方式也会随之而改变。山姆的成功归功于他一步步的努力，而不是他能够看到四十年后的事情。

眼光可以放远，开阔的视野能够让我们知道更多，但是这并不代表我们总是要把心思放在远处。

古时有位县官看自己孩子的房间很乱，就要他打扫一下。这个小孩是读过些书的，胸怀大志，当时就这样回答："大丈夫当扫天下，怎么能扫这样一间小小的房子？"县官一时无语。

这事让他孩子的老师知道了，那老师就找了个机会，要学生打扫课堂。那学生又如上次一样回答。老师听了就不慌不忙地反问：“一屋不扫，何以扫天下？”这次学生无话可说。

总把眼光看在远处，连身边小事都做不好，怎能够走得更远，飞得更高？

小鹰出生不久，鹰妈妈教它怎样去找食物。骄傲的小鹰说：“我要学飞翔，做一只展翅高飞的鹰，怎么能去学找食物这样的小事呢？”

鹰妈妈笑了：“孩子，如果你不会自己捕食，当你还没展开翅膀也许就已经饿死了。”

天高地阔，为我们的人生提供了更多的机会，但并不是说有了这些机会我们就一定能成功。

成功除了需要眼光外，更需要努力，需要从身边一点一滴的小事做起。

勤奋是幸运之母

彩票公司说，来买彩票吧，只花两块钱，就买来了一个希望。但是这些希望最后只有几百万分之一能够得以实现，其余的全部变成了失望。几百万分之一的机会，如果把成功的希望放在彩票上，那么几乎失败的结果是肯定的。

努力不一定成功，彩票也几乎是肯定不能带来财富，那么我们能依靠什么？

成功学大师李践说："这个世界上不会有永远成功的人，也没有永远失败的人。"

关于人生，有所谓的际遇的说法，唐朝诗人王勃在《滕王阁序》中说"时运不齐，命途多舛"。人生的成败得失是随着际遇的起伏而有所不同的，这是世事的必然。

古人讲进取，也讲求要顺应潮流和时势，这里的时势，就是指机遇和运气，当机遇来临时，如果能处在合适的位置，顺时而动，自然能做出一番事业。

有能力却遇不到好的机会，胸中空怀远大的志向而不能伸展者自古以来比比皆是，所以才常常听到有人发出怀才不遇的感慨。

能力和机遇皆在，且能充分施展自己的才能，抓住时机者，自然就能取得人生的成功。

关于成功，“时势造英雄”的这一说法更为形象。如果时运不济，纵然是项羽那样能“力拔山兮”的盖世英雄也只能徒唤奈何。

有时候，一些各方面条件差不多的人，进行同样的事，有人能够取得成功，另外一些人却失败了。影响这些人成败的原因就是时势。很多人在分析项羽的失败时，认为是他的性格决定了他最终的失败。那么我们假设当初韩信留在了项羽身边，或者是韩信在垓下之战时背叛刘邦，仅仅是作壁上观，我想楚汉相争可能就是另外一个结局了。在很多历史事件中，影响最终结局的，往往是一些偶然事件。

由于不能确定那些决定人生的偶然事件何时会出现，大多数时候我们能做的只是等待，然后当机会来临时，尽力地抓住它。

曾经有人统计过，人的一生中，大概有七次机会，这每一次机会都能够决定人一生的命运。

这七次机会大概会在人 25 岁到 70 岁之间出现。大多数的人会因为经验不足而失去开始的两次机会，后面两次机会因为年纪太大身体原因而失去。对普通人来说真正能够把握和掌握的机会一生中大概只有两三次。

“抓住机会就要努力。”就是一种最好的人生态度。

人的一生，不需要掌握全部的机会，能够抓住一次机会，也许你的命运就会全部改变。

曾经有部纪录片叫《知识改变命运》，里面讲述了一些因为学习而改变人生的例子。很多人看了后觉得很有道理，确实，知识能够改变命运。

但是有人看了这部纪录片后，讲述了另外一些空有知识，而不能改变命运的故事。他们认为，好运气似乎比知识更重要，这种观点也似乎颇有道理。

那么到底是知识改变命运，还是机会改变命运呢？

一些人相信实力，他们从来不考虑自己的人生生涯中幸运的成分。但是仔细想想，大多数人从出生开始，运气和命运这些东西就开始决定他们的未来了。

如果有人不相信，认为这个观点是错误的话，我可以举个例子让大家明白。有三个小孩，他们一个出生在北京，一个出生在上海，还有一个出生在甘肃某处偏远的山村。你能说这三个孩子以后的命运分别和他们的出生地没有关系吗？

曾经有这样一个故事，一个在建筑工地上做小工的山东农民和他们正在建造的房子的设计师交谈发现，两个人原来是同一届参加高考的。山东农民当年的高考分数是540分，结果没能进入大学，最后只能做了一名建筑工地上的工人。而这位设计师当年的高考分数是480分，因为是北京人，所以顺利地进了大学，毕业后成了一名建筑设计师。

这就是我为什么说从出生开始，大多数人的人生就开始由命运和运气这些东西来掌握了。

有人会拿一些特别成功的奋斗事例来告诉我们说，奋斗能够改变命运。但是那些只是一些特例，在成功者中占很小的比例，不具有普遍的代表性。

苹果之父乔布斯说过："父亲如果站在山顶，儿子的起点肯定不会太低……"他的这段话就清楚地说明了命运对人生的影响。

这里我不是要否定努力的作用，诚然，努力对于自己控制之内的环境有着决定性的作用。很多人总是在试图回避努力和幸运的关系。因为这样一来，人的一生可能是不由自己所控制的——完全由一些个人能力不能够控制的因素所决定。

这种想法不免让人沮丧，幸运的是我们发现：正如那些大的历史事件中的偶然现象一样，在每个成功的故事中，那些产生根本性的转折的时刻，都有一些幸运的事情出现，正是这些小事件使所有的故事最后变得意义非凡。

是否所有的人在面对这个问题时都错了？

幸运的出现是偶然的，虽然它毫无疑问是能让某个人受益的，当这种偶然性频频出现在某个人身上时，我们通常会将这人称为"幸运儿"。

不管是羡慕妒忌还是恨，没有人会否认自己心中都希望能够得到幸运女神的眷顾。

那么个人的努力，在自己的人生中起着什么样的作用呢？

个人的努力让人具有了识别运气的能力。并不是所有的机遇和运气都会得到良好的发挥，人们常说“机会稍纵即逝，它只属于那些有准备的人”。个人的努力就是提高自己的能力，为我们识别和抓住机会做出准备。

《三国演义》中，周公瑾仰天长叹“既生瑜，何生亮”，吐血而死。想周瑜何等英雄，“雄姿英发，羽扇纶巾，谈笑间，樯橹灰飞烟灭”，但是就是这样的周瑜，也会叹息生不逢时，和诸葛亮出生在同一个时代。虽然这个故事里加入了罗贯中的杜撰，但是现实中，有才能而运气不好得不到施展的大有人在。

既然运气对于成功来说这样重要，那么是不是我们就可以消极等待，不去努力了呢？这种想法显然又从一个极端走到另一个极端了。成功的人生，运气肯定是不可缺少的。但是不管是对个人还是对整个社会来说，努力也是不可缺少的。

本杰明·富兰克林曾经说过“勤奋是幸运之母”。这句话形象地表述了努力和运气的关系。如果没有努力，就算有再多的机会我们也没法抓住，只会眼睁睁地看它们消失。

有个人信奉上帝，他死了以后见了上帝，上帝问他有什么话要对自己说。他向上帝抱怨说：“亲爱的主啊，我一辈子是你的忠实子民，但是为什么我从十年前就开始向你祈祷让我中一次彩票大奖，你却从来没能让我如愿？”

上帝回答：“我听到了你的祈祷，可是我也没法帮你啊。因为你根本没有买过一次彩票。”

运气虽然重要，但是就算有上帝的帮忙，也得自己先进入自己想要的生活，才能有机会得到自己想要的结果。

为什么努力却不能成功

“三分天注定，七分靠打拼”，在对成功之路的不断探索中，人们总是认为成功是不懈努力的结果。

于是人们用尽气力地去挤，去拼，想要获得自己所要追求的。但是经常是事与愿违，造化并没有按照人们的选择来给每个人所想要的一切，也没有按每个人的努力不同分配给他们不同的东西。

这个时代风云激荡，奇迹总是不断地出现，在那些埋头努力者抬头歇息的刹那，也许他们就会发现，瞬间就出现了无数的成功者。

为什么同样的努力，成功的幸运却总是落在别人的头上？

努力不等于成功，那么什么等于成功？

有一句流传很久的名言：成功等于百分之九十九的汗水加百分之一的灵感。这句话一直得到人们的广为推崇，成为人们努力的动力。若干年前，我一位朋友曾经就这个话题和我进行过争论，当时我的观点是“吃得苦中苦，方为人上人”。而我这位朋友对我的观点不屑一顾，他说这世界上能够吃苦的人不计其数，但是看看我们周围，那些能够吃苦耐劳的人，往往是劳作一生，终其一生为了生计而奔波劳碌。

和大多数争论的结果一样，当时我们谁也没能说服谁。但是直到现在我还一直会想起这次争论，而且慢慢地我从中发现，现实真的很残酷：它并没有让那些勤劳的人得到他们应得的。

静下心来我在心里不得不承认，努力有时并不能让我们成功。

有时候因为方向根本就是错了，有时候因为目标并不明确，还有时候因为根本就是不可能。

也许有人会把这种现象归结为社会的不公，但是仔细分析我们就会发现，不管在什么样的社会环境下，个人努力的最终结果都会是千差万别的。也就是说，努力的结果并不一定是成功。

既然努力并不一定为我们带来成功，那么我们的努力是否还有意义？

在人们的想法中有个误区，认为所有的事情都有预期中的结果才算得上成功，才算得上有意义。但是不管是作为人类，还是自然界的万物，并不是所有的事情最终都达到了理想的结果的。

明白了这个道理，于是有人说，结果并不重要，未来的成败也不重要，重要的是我们是否努力了，是否流汗洒泪了。话虽然是这样说，但是人总是注重结果的，总是希望自己的付出不会付诸东流，于是有人选择逃避，有人选择放弃。

也许是为了激励人们去努力去坚持，一些励志类的文章总是告诉人们应该怎样去持之以恒。记得小时候看过一篇关于李白的故事，说是李白小时候不学无术，非常贪玩。结果有一次，他在路上遇到一个老奶奶在磨一根铁棒，就好奇地问老奶奶磨铁棒做什么用，老奶奶告诉他，是磨一根铁棒来做针用的。于是李白大受感动，从此立下恒心学习，最终成为一代大诗人。

这个故事的真伪我们无法考证，不过磨铁棒做针的做法确实不太可取。除非这位老太太是上天特地派下来点化李白的，否则没有人会为了要一根绣花针而去磨一根粗铁棒。

曾经有这样一种说法：很多对人类有益的发明大都出自那些懒惰者。因为不喜欢走路，于是有人发明了有轮子的车；因为手工纺织太过辛苦，于是有人发明了现代的纺织机。

确实，与其总是辛苦地挤在一条路上，不如另辟蹊径来得更为容易，虽然比前一种方法要动更多的脑子，但是这样往往更容易到达山顶。在人们的意识中，总是对那些走捷径达到目标的人不屑一顾，认为他们不是凭实力取得成功。大多数时候，我们会赞扬那些埋头向前的人，即使他们因此而头破血流，而最终以失败告终。

但是结果却总是很现实，它们选择的成功者，往往是那些能够动脑子走捷径，最终达到目标的人。

辛苦攀登者诚然可敬，但是那些最终能够取得成功，站在人生顶峰者，更加值得欣赏。

成功需要很多先天的和后天的因素来决定，个人的努力只是形成最终成功的若干条件之一。

不是所有的花儿最后都会成为果实，也不是所有的种子最终都会发芽，即便发芽了，也不是所有的幼苗都能长成参天大树，造化如此，世界虽大，能够让我们施展的空间也就这样大，注定只能有极少数的人最终站在山顶。

跌倒一千次，就要爬起来一千次

爱迪生为了找出适合制造灯丝的材料，做了五千多次实验都失败了。这时候他没有放弃，他告诉自己不是失败了五千多次，而是知道了有五千多种材料不合适。最后，在经过一万多次试验后，爱迪生发现，钨丝是最适合做灯丝的材料。

人们用这个故事来证明失败并不可怕，用它来告诉另一些人不要害怕失败，“失败是成功之母”。但真是这样吗?

刚开始看到这个故事的时候，我很感动，后来慢慢长大些，我有些怀疑了，因为世界上可能并不能找出五千多种材料。后来发现，是作者写错了，因为还有书上写的是爱迪生一共做了五万多次的试验。至于到底是五千多次，还是五万多次，这也许并不重要。重要的是，这个故事的结果是要告诉人们，不要害怕失败，如果你一直坚持下去，就一定能成功。

看看周围的人你就能发现：有些人失败了，他们最后成功了；但是另一些人失败了，接下来他们依然是失败，直到最后他们也是失败。在奋斗的路上，有失败也有成功，并不是所有的失败者最后都成功了。是什么让一些人最终失败，让一些人获得成功呢？

失败和成功之间并没有必然的因果联系，有人说，如果跌倒一千次，那么我就要爬起来一千次，终有一次，我会成功。但是你有没有想过，有多少人能够经受住一千次的跌倒，即便你的意志不被这些失败摧毁，人生短短的几十年时间，又有多少时间能够禁得住这样挥霍？

事实上，在失败者身上往往有着一种思维上的惯性。有人说，如果你能够了解失败者的想法，并且知道失败的原因，就能够尽量避免失败。但是别忘了，现实中，往往失败的原因并不止一个，任何一个小的细节都可能导致失败。第一次导致一个人摔倒的是一块西瓜皮，紧接着的下一个人仔细看着地面，小心避免踩到那块倒霉的西瓜皮。糟糕的是，紧接着他也摔倒了，这次不是因为西瓜皮，而是因为他不小心让头上的一根树枝碰到了眼睛。

失败的原因各种各样，所以它们并不能导致成功。把成功当成失败的最终结果的人犯了概念上的误会。通往成功的路上必然有很多失败者，也许这些失败者会对后人有所警示，但是更多时候并不是因为有这些失败者，成功者才能成功。正如我们前面所说的，有些人是一帆风顺的成功，有些人历经千辛万苦才能成功。这两种成功之间没有必然的联系。

失败不仅不能导致成功，而且往往会带来下一次失败。

有个小孩子要出门去城里，于是他的祖父告诉他路上要注意什么。他的祖父说，如果你走到一棵大树下，有一个戴着帽子的人，你千万别向这个人问路，因为他是一个骗子。这个人会告诉你一条错误的路。然后你到了城里，将遇到一个拿着鲜花的人，你千万别买他的鲜花，因为这个人是个小偷，他会偷去你身上带的钱。当你走到城市中心的那座小桥上时，请千万要小心，那座小桥中间的木板会突然断裂，你会掉进河里去……老祖父告诉了孙子很多他年轻时遇到的事情，希望能对他有所帮助。

带着祖父的经验，小男孩出发了。他真的在一棵大树下遇到一个戴帽子的人，在城里遇到一个卖鲜花的人，在城市中心看到一座小桥……但是那个戴帽子的人却不是骗子，卖鲜花的人也不是小偷，那小桥上的木板非常坚固，并没有突然断裂。小男孩在城里度过几天愉快的时光后，高兴地回家了。回家后老祖父问小男孩有没有照着他说的去做，小男孩感谢祖父的教导，告诉祖父因为有了他前面的失败的教训，所以自己才能够平安地回来。老祖父很高兴，因为他自己曾经遇到的倒霉事能给孙子带来好运。

人们在决定未来的行为时往往会陷入和老祖父一样的误区，他们往往把以往影响成功的原因放到现在来。须知很多时候，当正确的路只有一条的时候，那些失败的路就肯定会有若干条了，失败的经验告诉人们的往往只是哪一条路不能走，并不能告诉人们哪条路是正确的。

从排除法上来说，排除了若干的失败的经验后，最后剩下的肯定就只有成功一条路了。这正如爱迪生发明灯丝一样。但是反过来想，生活不是发明，并不是所有的人都能够承受住几千次失败。就算在这么多失败面前，个人意志不被摧毁，人生短短几十年，恐怕也载不下这么多失败。

有一条河，河水不算太深。冬天的时候，一位钓鱼者在河边钓鱼，来了两位年轻人想要过河。他们试了试冰冷的河水，退缩了，问钓鱼的人怎样才能过河。钓鱼的人告诉两位年轻人，上游十里有个渡口，有渡船；下游十里有座桥，可以走过去。两位年轻人谢过钓鱼的人，一个往上游去了，去找渡口过河；另一个往下游去了，去找桥过河。这时又来了一位老人要过河，钓鱼的人告诉他上游十里有渡，下游十里有桥。但是老人毅然地脱掉衣服，准备从冰冷的水中蹚过河去。

钓鱼的人奇怪地问老人，为什么不去找摆渡或找桥过河，而要忍受严寒蹚水过河。老人回答说，当年自己年轻时，遇到这种事情也总是会绕很远的路去找桥或找摆渡。但是现在自己老了，没有太多的时间去绕那样远的路。

失败者的经验往往就和那些离我们很远的桥和摆渡一样，往往只是告诉我们不要直面眼前的困难。

因为在做出决定时常常会借助前面的经验，而失败者因为只有失败的经历，所以他们具有的经验往往是不可取的。他们总是消极地看事情，认为所有的机会中都存在失败的可能。

一些年轻人在创业时，如果问老年人的看法，得到的答复往往是“这件事不能做，肯定会失败”。令人惊奇的是，这类预言常常会非常准确。为什么会这样，因为这些老年人具有失败的经验，他们知道做任何一件事情都会有很多原因导致失败。他们唯一不知道的是，怎样才能找到那条成功的路。

有句话是这样说的，当一个人年老时，他就只剩下经验了。

所谓“初生牛犊不怕虎”，没有经验的人之所以容易成功，是因为他们不会依照那些失败的经验来做出决定。正因为没有以往的失败经验，所以他们总是积极地看事情。

有过较多人生经历的人做事总是缩手缩脚，每当遇到困难时最先想到的不是怎样找方法去渡过难关，而是怎样撤离。

面对工作和现实，我们也总会听到失败者哀叹社会不公平，别人没有给自己太多的机会。因为长期在这种心态下做事，每当要承担责任时，他们的口头禅往往是：“这不是我的事情。”然后尽量地找理由来推卸责任。

失败者易变，因为善于发现机会，所以他们总是很轻易地就放弃之前的努力。他们就像永远挖不出水来的掘井者一样，在他们身后留下的是一个个深浅不一的土坑，也许其中的一些已经离水很近了。他们总是能找出合适的理由让自己在成功之前放弃。

失败不是成功之母，失败只是成功的一个过程，半途而废，必然失败，坚持下去，可能成功。

第三章

你变了，世界就变了

努力不等同于幸福，但是，它也不等同于痛苦。如果可以，我们大可以幸福着去努力，开心地去做一些我们认为值得去做的事情。

快乐来自于过程还是结果

前些天看到一条非常有趣的微博，作者在微博中说，他的导师，一个传播学教授，在四十六岁的时候终于抱得美人归，结婚了。然后他说，当别人在电脑前玩着游戏的时候，他的导师在图书馆里埋头读书，在健身房里挥汗如雨。

看了这条微博后，我觉得瞬间思绪有点混乱，我不明白这位作者到底是要说什么？因为在我看来，不管是生理需要还是出于人类繁衍的需要，一个正常的男人到四十六岁结婚，都不是一件值得提倡的事情。不明白他是想说他的导师四十六岁结婚的最终结果很值得学习，还是想说这位传播学教授的生活方式应该提倡。

在讨论关于人生这个大话题时，人们常常会纠结于要过程还是要结果之中。这种纠结经常存在于对孩子的教育中。大人们经常把自己的价值观加于孩子们身上。

一个小学六年级的学生回忆说：在他小时候，他一直过着无忧无虑的生活，每天开开心心地玩耍，和小朋友们一起玩各种游戏。但是不知道从什么时候开始，他的生活慢慢开始改变了。父母和老师告诉他，要好好读书，取得好的成绩，这样长大后才能找到好的工作，过上体面的生活。

我不知道在孩子们的心中，会认为体面的生活是怎样一种概念，但是这种从小对孩子灌输超过他们年纪的价值观的做法显然违背了孩子的成长规律。

在大人方面，他们也有他们的为难之处。一位母亲说：如果我现在给他一个童年，我就无法给他一个未来。

人类社会的竞争真的如些激烈吗？激烈到要让孩子们牺牲掉自己的快乐童年，让他们早早地就开始自己忙碌奔波的一生吗？

还有，是否孩子们牺牲了他们成长过程中的快乐，未来就一定能得到一个快乐的结果呢？

诚然，减少游戏和玩乐时间能够提高考试成绩，但是这样并不一定代表用这种方式就能够获得一个完整的人生。

收到大学录取通知书的时候，很多孩子都会开心地落泪，认为自己十几年的努力最终有了结果。但是现实是这样吗？

进入大学后，并没有多少人能够停下来休息，他们依然得继续忙碌奔波。一个导师给刚入学的大一新生讲了这样一个故事：在非洲草原上，一只狮子在告诉小狮子，你必须努力学习奔跑，如果你不能追上跑得最慢的羚羊，你将会饿死。这时候，羚羊妈妈也在告诉她的孩子，如果你不能比狮子跑得更快，你将会被吃掉。和早起的鸟儿有虫吃一样的道理，教授们是想借这个故事告诉他们的学生，优胜劣汰的自然法则在人类社会同样有效。

于是，在这种更快更强的想法下，很多人犹如在运动场上比赛一样，拼命想让自己做到最好。

这种没有止尽的追求中能够找到快乐吗？答案很难。一些大学三年级的学生说，他们每天奔波忙碌于教室和读书馆之间，还要尽量地挤些时间出来参加一些社团活动，为自己以后找工作做准备。但是他们内心依旧很惶惑，因为他们并不确定自己的努力在将来走上社会后能得到多大的认可。

小学生被老师和家长告知要努力学习，考一所好中学就好了。中学生被老师和家长告知要努力学习，考上好大学就好了。大学生被老师和家长告知要努力学习，找一份好工作就好了。等到这一切目标达到时，很多人发现，他们并没有得到预期的快乐。

原来成功并不是快乐，成功只是我们人生的一个目标。那么努力的过程呢？同样地，我们并没有在中间发现多少快乐，当然，也有开心的时候，那就是在一些艰难的努力过后，会有短暂的，如释重负的感觉。

同这些学生一样，我们大多数人的生活就是被这些不知就里的努力占据了。我们忙碌，我们无法让自己安静下来。因为我们觉得只有忙忙碌碌才能最终过上我们想要的生活。但是一直到最后，我们中间的很多人也没能明白，到底什么才是我们想要的生活。

由于害怕我们的努力不够，达不到事先要求的目标（这也是我们一段人生中的唯一目标），我们中间的很多人都背负着极大的焦虑。于是学生们盼望寒暑假，在职工作的人盼望休假，大家都知道这是自己唯一能够不需要为了学习和工作烦恼的时候。尽管这样，我们中的很大一部分人就算在休假的时候，也一样并不能完全从工作中解脱出来。

有些人会猜想，那些安安静静地从事一些技术性工作的人，工作中的焦虑感可能要少些。但是调查发现，从事这类工作的人，因为长期独立地工作，他们的孤独感反而更加强烈。

编程员阿程每天埋头在电脑前，他今年 34 岁了，至今没有女朋友。一半因为社交圈子太窄，一半因为他的工作没有多少机会和人接触。偶尔的时候，他会从电脑桌前抬起头来，大吼一声。办公室的同事们并不为他的这种怪异行为而吃惊，因为大家都面临着同样的烦恼和焦虑。

工作是寂寞和孤独的，阿程有时候暗暗会想，哪一天自己成为公司的合伙人就好了。于是他更加努力地工作，当和他一起进入公司的同事还只是拿着公司的薪水过日子时，他被公司通知，他将拥有公司的股份。

好像一切都是顺其自然地来临，阿程并没有感到丝毫的快乐。如今阿程在他工作的城市买了房子和小车，也找到了一个可人的女朋友。但是他的焦虑感并没有随着这些的到来而有所缓解。

过程不是幸福，结果也不是幸福，那么到底是什么在决定我们的快乐和幸福呢？

虽然很多人认为奔波劳碌是一种痛苦，认为这世界上应该有一种更好的更适合他们自己的生活方式存在着。但是另外一些人，却仍旧快乐地忙碌着，他们并没有认为把自己的身心全部投入到工作和学习中是一种不好的事情。对他们来说，成功需要努力，但并不需要牺牲快乐。

你尽可以忙碌，可以每天花十二个小时在工作和学习中，你也可以用最大的热情去工作。但是这不应该成为你不快乐的理由。

快乐应该来自于对日常生活的享受中，我们快乐，不能只是因为我们的目标实现。如果单纯地把目标当成一种任务，一种你的人生必须完成的事情，它就会成为一种负担。你的快乐的标准也就成了人生理想的实现，而不是过程，更谈不上对生活的享受。

为什么有那么多的人整天忙忙碌碌地奔波着？因为我们从小受到的教育就是，如果努力，我们就能得到回报。

从小，家长告诉我们，早起的鸟儿有虫吃，在学校，老师告诉我们，一分耕耘一分收获。似乎我们的人生所有的事情都是为了最终的目标。为了这些，我们常常忽视了眼前的快乐。

对于结果的追求，让我们忽略了过程，忽略了人生的旅途一些原本可以享受到的东西。

对于结果的过分追求，容易造成一种极端，那就是一旦目标实现，常常会让人觉得生活一下子失去了目标，这也是很多人即使人生目标得已实现，仍然会觉得茫然失措的原因。

一旦目标实现，我就要如何如何。仿佛达到目标的过程越艰难，目标实现时，自己就会越快乐。在这种错觉下，我们常常不自觉地加重我们努力过程中的困难。因为潜意识中我们认为，成功的幸福感和努力的艰辛程度是成正比的。

虽然成功会给我们带来成就感，当目标达成时，也会让我们有一种终于解脱出来的快乐感，但是这种感觉并不是完完全全的幸福。

有一位著名的长跑运动员在一次谈话节目中讲到她训练时的艰苦时哭了。有些人质疑她的眼泪有作秀的成分，因为那时候她已经功成名就，在很多大型比赛中获得过金牌，在人们眼里，她面对的是胜利者所拥有的鲜花和掌声，这时的她应该是快乐的，因为她的付出有了最终的收获。但是我相信她的眼泪是发自内心的，是真诚的。

不错，成功是给她带来了很多她以前所不拥有的东西，但是这些并不能抵消她之前所受的苦累。好比一个人受伤了，每天被病痛折磨着，有一天他痊愈了，于是他非常高兴，再也不用忍受病痛的折磨了，于是他感到非常幸福。但是很多健康的、没有体会过他所承受过的那些病痛的人，就不会有和他相同的喜悦的体验。

在谈话节目中哭泣的运动员之所以哭泣，是因为她想起了以前训练时所受的磨难。虽然现在的成功带给了她喜悦感，但是这种喜悦并不能等于给了她一个完整的幸福的人生。

同整天忙忙碌碌而找不到幸福，还有一类人，他们耽于享乐，幻想从欲望的满足中得到快乐。在他们的认知中，只有欲望的满足才能带来最终的幸福。

有些号召人们努力的口号往往会给人带来这种认知上的误会，比如“今天工作不努力，明天努力找工作”。这句话和那句“少壮不努力，老大徒伤悲”一样，都对人有一种心理上的暗示。那就是努力是一件痛苦的事情，否则为什么要用以后的不好的境遇来激励人们去努力呢？

努力不等同于幸福，但是，它也不等同于痛苦。如果可以，我们大可以幸福着去努力，开心地去做一些我们认为值得去做的事情。

找到适合你的那支麦穗

三十年前，当改革的风潮漫延全国时，有一位学者选择了出国。三十年后，他在国外取得了很大的成就，当他回到国内时，很多朋友祝贺他今天所取得的成就。但是这位学者却不无遗憾地说：“虽然我在国外得到了很多，但是却错过了国内风起云涌的经济奇迹，这不能说不是一件憾事。”

人生就是这样，选择的永远会少于得到的。

一次和一位朋友聊起那个大家熟悉的关于麦穗的故事。我问她，如果能让你重活一次，你能够活得比现在更好更精彩吗？她笑着摇头说：活一次就够了，人生能够选择的这样多，即便再活一次，我也未必能活得比现在更好。

很多人总在遗憾当初，如果我们当初能如何如何，也许就不会有那么多遗憾的事情发生了。

真的会是这样吗，即便你现在过的是你所期盼的生活，你就能够肯定你会没有任何的遗憾吗？

人生永远都是在得到与失去之中徘徊，当你害怕失去时，是因为你已经得到。当你得到时，同时你也失去了更多。

我很欣赏这位朋友对待人生的态度，谈起逝去的时光，她并没有后悔。虽然她的人生也并不完美，也并不是事事如意。年近三十未婚，事业上也并不是一帆风顺。但是她对人生的这份洒脱，很是让我羡慕。

与这位朋友相反的是，很多人谈起过去时，总是会满是悔意。

有人说，人生就像是一根甘蔗，有些人喜欢从头部吃起，开始会觉得淡而无味，但是会越吃越甜；还有些人喜欢从根部吃起，刚开始很甜，但是慢慢会越来越觉得没有味道。

简单的一根甘蔗，何止两种吃法。还有人会把它榨成汁，一饮而尽；也有人把它们带在身边，口渴时就拿出来嚼几口……真的就像人生一样，有着无尽丰富的选择。

也正如人生一样，虽然有着无尽丰富的选择，但是属于你的甘蔗只有一根。不管怎样丰富的人生，也只是一次人生，你只能活一次。你尽可以用无数种方法来选择你所要找到的那支麦穗，但是游戏规则告诉你只能摘取一支麦穗。

生活幸福的人，可能会享有比别人更多的快乐，面临比别人更多的选择。但是过多的选择也许反而会成为一种负担。很多拥有过多的选择的人，常常因为选择太多而无所适从，最后反而变得一无所获。

有个朋友，父亲是卫生局的官员，母亲是主任医师。大学毕业后，她进了一家时尚杂志做编辑。因为家庭和个人条件都很优越，所以追求者甚众。一半是因为有得选择，一半是因为那些追求者都有某些地方让她感到不是很满意，所以年过三十她迟迟没有结婚。大凡男女年纪大些，如果没有结婚，总会有些人帮忙考虑这些事情。这位朋友虽然是性情中人，把那些好心人的关心一笑置之，然而听多了觉得烦的时候也不免开始担心起来。于是她试着降低自己的择偶标准。但是她发现，这时她又面临另外一个难题。一些和她不太熟悉的异性在经人介绍和她认识后，都会有着这样一种疑惑：为什么像她这样条件优秀的女性，会到了这样的年龄还没有结婚，而且她的条件和要求也并不高啊？

我讲这个故事是想告诉大家，无论你的选择条件怎样，如果你没有找到那支合适你的麦穗的话，总是会出现这样那样的问题。婚姻如此，人生也是如此。关键并不在于你坚持怎样的选择，而在于你有没有在适当的时机，遇到适当的人。

现代生活给了我们更多选择的机会，也让人更加无所适从。很多人生活在一种没有幸福感状态中，并不是因为拥有的太少，而是根本不知道自己需要什么。在这种心理状态下，有人开始怀念原始的乡村的生活状态，认为这种状态优于都市的生活。

当那些疲倦了繁华的都市生活者有机会去乡村生活一段时间，他们很快就会发现，乡村生活也并不是想象中的那样理想。漫长的、黑暗的夜晚，电视是唯一的消遣。想要购买任何物品，都要去集镇。即便如此，我们也会常常为购买不到自己想要的东西而发愁。虽然日常的生活用品不会缺乏，但是大家都清楚，现代社会中，大家需要的并不仅仅是那种衣食上的无忧。远离了城市，远离了现代文明的中心，也许可以躲开一些烦恼，但是肯定不能让我们真正地解脱。

虽然每个人对于生活的选择可能是各不相同的，但是这并不是说，追求宁静安宁的生活就会成为一种必然的生活趋势。放眼望去，人们对于繁华和热闹的向往，远胜于那种对内心宁静的向往。

事实上，即便很多鼓吹追求内心的安静，建议人们要远离尘嚣生活的人，他们中间的大多数，也不能免俗。

生活只是一个过程，有些时候，虽然一直面临着选择，但是结果的好坏并不完全是由我们自身来决定。顿悟者会说“得之我命，失之我幸”，他们明白很多事情并不是强求就能得来。

人生犹如一条单行道，不管怎样行走，我们也只能选择一直向前。到了最后，我们每个人手中都会有属于自己的一支麦穗，虽然不是最大最好，但是一切都是自己的选择。

从胡适大师的日记说起

曾经看到过一条很好笑的微博：上面有一张照片，是拍的《胡适留学日记》的一页。大致内容如下：7 月 4 日，新开这本日记，也为了督促自己下个学期多下些苦功，先要读完手边的莎士比亚的《享利八世》……7 月 13 日，打牌。7 月 14 日，打牌。7 月 15 日，打牌。7 月 16 日，胡适之啊胡适之！人，你怎么如此堕落！先前订下的学习计划你都忘了吗？子曰："吾日三省吾身。"…不能再这样下去了！7 月 17 日，打牌。7 月 18 日，打牌。旁边微博的作者这样写道：原来大师和我一样，也是性情中人啊！

这里我无意诋毁大师之意，提起这件事只是想告诉大家，即便如胡适这样的人物，也会有和我们普通人一样难以抉择，在理想和现实间徘徊的时候。

在对人们生活态度的评价时，我们总是习惯性地把它们归纳为"享乐主义"和"奋斗主义"两种类型。"享乐主义者"害怕奋斗，认为挑战和努力是一件痛苦的事情。与此同时，一些习惯了终日忙碌的人，认为那种悠闲的生活是一种浪费，这样的人生没有任何的意义。对于“享乐主义者”来说，人生如果只有努力，没有消遣，没有悠闲地在太阳光下打发时间，不能在海滩上吹着海风钓鱼，除了工作就是工作地生活，是完全没有意义的。在他们看来，在这世界上，人之所以区别于那些忙忙碌碌工作的蚂蚁和整天在花丛和蜂房间飞来飞去的蜜蜂，是因为人们懂得享受，懂得怎样让自己活得更舒适。

而在“奋斗主义者”看来，努力做好一些事情应该是人生的全部意义。如果人们来到这个世界上，不是为了某种目的，那么人生本来就是一种浪费。

也许这两种观点都有一定的道理。但是我们应该明白，生活并不完全是这样，不是非此即彼的。胡适大师一生取得的成就，是有目共睹的，但是他仍然会以打牌来消磨时光。也许这样一种人生，才能算得上真正的人生：努力做事，适当地休闲，安静下来可以在一个地方静静地度过很长的光阴，背起背包又能远走天涯。

大多数时候，生活只是一种习惯，就如胡适每天打牌一样。生活中我们大家也都有过类似的体会，有些时候，明知道某些事情是错的，会对自己的人生有很大的害处，但是人们却总是爱好这些看似有害的事情。

对于享乐和物质的追求，有些人持不以为然的态度。更有甚者，甚至提出“无欲无求”为人生的最高境界。人真的可以做到“无欲无求”吗？仔细想来好像不可能。肚子饿了要吃饭，口渴了要喝水，困了要睡觉……这每一项欲求都合乎人的本性。既然是本性的东西，为什么一定要去禁锢它们呢？

于是有人解释，“无欲无求”主要是针对那些基本的生活之外的需求。但是事实上好像大多数人仍然做不到。抽烟算是对人非常有害的一件事，除了能够为烟草商和国家税收做出贡献外，我实在看不出抽烟有任何的好处，但是放眼四周，吞云吐雾者依然比比皆是。

为什么在很多人看来对人生有害的欲望能够大行其道呢？这中间到底有什么样的动力在驱动着这些行为？

一位富商的女儿带男朋友回家，富商和女儿的男朋友进行了一场谈话。富商问这位年轻人：“你吸烟吗？”年轻人恭恭敬敬地回答：“我不吸烟！”富商又问：“那么你赌钱吗？”得到的回答仍然是不。富商又问了若干不良的嗜好，自然而然，年轻人都回答的是“不”。

看起来这似乎是个很不错的年轻人，英俊帅气，没有任何的不良嗜好，说话谦和有礼。但是富商在送走年轻人以后，很郑重地对女儿说：“我认为这个年轻人不适合做你的终身伴侣，因为一个人如果没有任何不良嗜好的话，那么他因为对人生没有欲望，也就没有了追求，这样他的人生就缺少了上进的动力。我的女儿，你一定不希望一辈子跟随一个看似完美无缺，却终身碌碌无为的丈夫在一起吧？”

富商的话终究是智者之言，放眼我们周围，大家可以发现，能够做出一些事业来的人，往往不是那些道德上的完人。一个道德上的楷模，也许能够具有让人尊敬的人格，却并不一定能够在事业上获得成功。

无独有偶，有个和前面的故事一样的笑话。一个人开车在路上遇到一位乞丐，乞丐向他要两块钱，好去买些东西吃。这人问乞丐："你抽烟吗？"乞丐说不抽。这人又问："你喝酒吗？"乞丐仍然回答不。这人再问你赌钱吗？哭笑不得的乞丐回答："我连饭都吃不饱，肯定不会想到这些事了。"于是这人说："那么我现在请你吃顿饭，你跟我回家一趟吧，我要让我妻子看看，一个不抽烟不喝酒不赌钱的男人会是什么样子。"

看似笑话，但是现实生活中就是这样，道德上近乎完美的人，往往是那些无所事事、毫无出息的人。

人们对物质和享乐的贪求，就是人生奋斗的原动力之一。现实中有些人不贪图个人的得失和享受，牺牲自己的幸福来为别人谋福利，他们人生的原动力仍然是有人因为他们的努力而得到幸福，这种动力往往在他们身上以非常清晰的信仰般的形式存在着。

在一个类似的关于信仰与人生的原动力的课题研究中，一些心理学学生走访了一些自愿者，其中有几位是藏区支教老师。来自北京的周虹已经在藏区生活了四年了。现在的她看上去和普通的藏族姑娘没有什么不同，高原阳光造成的黑红的脸，头发也被风吹得十分凌乱。周虹给这些学生看一张她以前在北京家里时的照片，照片上的女孩子皮肤白皙细腻，一副都市时尚打扮。如果不是她告诉大家，这就是以前的她，大家一定会误认为这是另外一个人的照片。是什么能够让一个女孩愿意牺牲自己的青春和美丽去帮助一些素不相识的人呢？周虹告诉大家，刚开始她本来只是计划来这边工作一年时间的。但是一年后，当她离开这里回到北京时，她开始感到空虚和沮丧，觉得生活没有了方向，于是她又回到了这里。

不管是对于物质生活和享乐的追求，还是为了别人而牺牲自己享受的做法，都可以成为一种生命的原动力。这种动力不仅仅是个体存在的意义，也是人之所以存在的动力之一。

除开那些想象中的高峰体验时刻和对一些人生目标的追求，我们会发现，我们大多数的生活只是为了生存下去。而真正那些只占有了我们生命中极少数时间的时刻，就是我们存在于这个世界上的意义了。

你变了，世界就变了

一个和尚每天早晨起来带着他的弟子去河边挑水。没多久，徒弟发现师父的一只水桶上面有个小孔，当挑水回来时，那只有孔的水桶一直会漏水。好心的徒弟提醒师父把水桶修好。可是和尚只是笑笑不语。转眼到了夏天，徒弟发现，师父的水桶滴水的那一侧路边开满了鲜花。因为那些花儿受到了和尚每天滴下的水的滋润，所以生长得生机勃勃，盛开得特别娇艳。每天走在繁花似锦的小径上，小和尚终于明白了师父的苦心。

木桶破了，对于挑水的人来说，是一件值得烦恼的事情，因为它会漏掉一部分挑回来的水。但是如果没有沿途洒掉的这些水，也就没有夏天繁茂的花朵。

人生的努力正是如此，很多时候，你所烦恼着的事情，也许正是你遗失的快乐。一路前行时，不要只看终点，而忘记了那些过程中的快乐。

前一节我们说过，人生的意义在于那些对于目标的追求过程中。人生最好的时光，通常是为了实现某一目标的过程。而这些过程的巅峰体验，往往是人表现的最有激情和最幸福的时候。比如运动员在赛场上比赛，演员在舞台上表演，众所周知，他们为了这些时刻，平常要付出无数的努力。

关键在于，努力的过程往往是艰辛和困难的，就如那个每天早起挑水的和尚一样。我们应该如何让这些过程也变得快乐，尽可能让我们的人生变得多姿多彩一些呢？

有些人认为，人生可以让所有的时刻都处在巅峰时候，让每一刻都变得多姿多彩。他们甚至举出了一些例子，告诉大家某个名人取得了怎样的成就，用怎样的方式过着和大家不同的生活。但是这里我要告诉大家，那些例子所表现的只是一种不同于我们的生活方式，虽然它对于我们是全新的，但是这并不代表这种生活方式的主人就一定是快乐和幸福的。

一位非常成功的女士以前是一位演员，出演了一些足以称为经典的电影主角。现在她是一位社会活动家，致力于慈善事业，救助一些需要帮助的人。当她出现在镜头前时，人们看到的总是一位活力四射、光彩照人的女子。但是当这位女士回到家里，她还有个六岁的孩子需要照顾。有个很不幸的事实，她的孩子，患有一种先天性的疾病，这种疾病可能导致他的生命极为短暂。

另一位男演员，也是一位偶像派的当红明星，只要他出现时，必定是被粉丝的欢呼和鲜花围绕着。结果有一次，他在拍一个动作片时，因为钢丝出现问题，他从四米多高的地方摔下来，请注意，是摔，不是跳下来。结果是他一只胳膊粉碎性骨折，全身多处肌肉严重受损。

这两个例子告诉我们，通往幸福的过程中，必定会有很多故事发生。就如那个挑水的和尚一样，也许每个人肩膀上所担的桶都会有一只或者两只是会漏水的。很多我们所看到的表面的幸福，并不能代表事情的真相。甚至大多数时候，那些所谓的独家揭秘，也并不一定能告诉我们真正的过程。没有所谓的完美无缺的成功，如果去掉那些闪光灯下的光环，很多人们艳羡的公众人物，也有着和普通人一样的烦恼，一样努力的过程。

通往成功的过程中，总会有着这样和那样的麻烦。既然事情已经成了这样，我们没有必要在挑着一担水的同时，还要担上水桶漏水的烦恼。如果能让漏掉的水浇灌路边的鲜花小草，给我们的行程中带来一路花香，铺上满眼翠绿，不也是一种快乐？

对于结果的过分追求，常常让我们忘记了享受身边的幸福。一个爸爸在家中忙着一件事情，他的女儿走过来让他陪她去玩。爸爸哄女儿说："爸爸要做事赚钱，等明天赚钱了帮你去买个漂亮的布娃娃。"女儿听话地一个人出去玩，爸爸埋头继续工作。过了一会儿，外面传来汽车的急刹车声。女儿被一辆汽车撞着了。

这位爸爸事后十分后悔，如果自己当时放下工作，去陪陪女儿，就不会发生这件事情了。

很多人每天犯着和这位爸爸一样的错误。不止在这一件事情上，在所有的事情上，我们常常会把"紧急的事情"和"重要的事情"这两个概念混淆。工作是不可脱延的，因为明天老板要检查工作。但是再急的事情，能比得上女儿重要吗？

因为急着完成一些我们想要完成的事情，我们丢掉了快乐，甚至忘记了欢笑，我们只记得要工作，要努力来完成那些我们人生计划中看起来比较重要的事情。

一位朋友在上海一家外企工作，有天早晨正在开会时，突然接到一个电话，是家里打来的，原来他的母亲突然肚子疼。这位朋友是个孝子，但是今天的会议也很重要，所以挂掉电话回到会议室时，他没有对老板说，而是继续开会。但是他脸上的焦急神情让美方老板注意到了。老板问他发生了什么事。这位朋友有些犹豫地讲出了母亲生病的事，并且很明确地对老板表示，他不会让这件事影响工作。

按照国内的一般人的想法，这位老板应该会赞扬这位朋友这种为了工作不顾家庭的精神。但是出乎意料的是，这位老板生气了，他让这位朋友马上停止开会，赶回家去照看母亲。事后老板对公司的国内员工解释了这件事，没有什么比母亲的病更重要。工作可以放一放，但是母亲，却不能总在那里等待。

这位朋友事后十分感慨，当他把这件事讲给我们一帮朋友听的时候，我发现朋友中间的很多都低下了头。也许相同的事情在大家身上都出现过。因为工作而不顾家庭，不顾家人的事情很多，更别提为了工作，牺牲自己的休息和娱乐时间了。

忙忙碌碌地工作没有错。也许对于有些人来说，工作就是他生命的全部。但是如果把这种生活方式，作为一种唯一的正确的生活方式就有问题了。

生命的终极目标是快乐，工作是为了生活得更好，而不是为了生活得更加辛苦，更加烦恼。如果能够快乐地工作，为什么要让工作成为一种负担呢？如果能够笑着走，为什么一定要愁眉苦脸地上路呢？

发现最好的理想

丁磊大学刚毕业就赚到了自己人生的一百万，三十岁就在互联网上赚到了一个亿。于是很多人说：“我在30岁前一定也要赚到一百万。”说这话者理直气壮地认为，丁磊能够做到的事情，为什么我不能做到？

志当存高远，有志向是一件值得称赞的事。但是这种不切实际的志向，常常让人不敢恭维。丁磊有编写软件的天赋，而且抢先进入了中国的互联网，很多说自己要在多大时有多少成就的年轻人，在他说出这些话时，连自己以后该做什么，会做什么都不清楚。仅仅凭一时的豪情，就给自己定下了以后如何如何的目标。这样的目标能不能实现，很值得怀疑。

我在工厂做事时，一次我工作的部门新分来两个年轻的大学生。有空的时候我们常常在一起聊天，当时其中一位告诉我们，说他想要三年内赚到钱，然后移民澳大利亚。

当时我很奇怪，他怎样能够实现他的理想呢？按照当时公司的现状，如果单单依靠他的工作薪酬，实现这个理想几乎是不可能的。第一个月拿到工资时，这位同事开始询问工资怎样才能提升，得到老同事的明确答复后，他的人生理想开始改变了。三个月后，这位同事辞职了。他提前两年多实现了他的理想，去了澳大利亚。不过他不是用自己赚的钱去的，而是因为他家境比较好，家里面出钱他过去的。

理想往往就是这样，一些时候，你的目标实现了，但是实际上和你当初设想的完全不是一回事。

“恰同学少年，风华正茂，书生意气，挥斥方遒，指点江山，激扬文字，粪土当年万户侯。”谈起理想，很多人都会觉得激情澎湃，面对现实，却总是让人觉得无话可说。理想和现实之间的巨大反差，常常让人觉得无所适从。“理想很丰满，现实很骨感。”确实是人生的真实写照。

理想和现实之间的差异，来自于很多理想是建立在脱离现实的基础上。想到未来时一味地求高求远，做起事情却不肯一步步地脚踏实地地去做。空有满腔的抱负，却耐不住现实中的寂寞。这样浮躁的心境，怎么能够让理想得以实现呢?

知道自己想要的是什么，然后集中精力在上面，才能让思维不受外在环境的干扰，一心一意向着自己的理想前进。

时代变幻如此之快，诱惑无处不在，一个人的坚持力，往往决定了他有怎样的成就。

专注可以达到怎样的力量？很多人对这个问题心存疑惑。因为浮躁，因为急于求成，人们变得缺乏信仰，变得过分追求欲望。静下心来想想我们很多的人所谓理想，其实无一不是建立在欲望的追求上面。“我想如何如何”，“我要拥有什么”，从孩子到成人，无不被这种需求上的想法所左右着。

在这种心态上，人往往会过于计较个人得失，一些负面的情绪：狂喜、傲慢、烦躁、不安、沮丧、焦虑、不安……让心灵的压力变得越来越大。

有人建议应该从古人的经验中吸取智慧来化解这种现代的心理和生存上的矛盾。持这种想法的人试着举出老子的“无为”思想来。但是你怎么能够让一个整天生活在城市的喧嚣繁忙的人什么也不做，让一个每晚面对灯红酒绿的都市人做到清静？

诚然，古人的智慧成功地帮助他们解决了那个时代的心灵难题，但是如今这个时代，所面临的心灵上的浮躁远非古人那个时代所能解决的。

要改变理想和现实之间的差异，首先，确定理想的时候不要为潮流所左右。我们这里的潮流不是说的时代潮流，孙中山说“时代潮流，浩浩荡荡，顺之者昌，逆之者亡……”，逆时而为显然是不可取的。这里所说的不为潮流所左右是指不要盲目跟风，图流行。流行变幻非常的快，除非你的银行卡上的钱能够保证你每年换一部跑车而不会让你感到心疼，否则我建议大家尽量不要跟着流行去追。

前不久在新闻上看一组图片，一群十几岁的年轻人住在一间小房间里，等着卖肾。他们卖肾所得只有两万块钱，两万块钱卖肾的动机是什么呢？有记者采访了这些卖肾者。原来他们卖肾是为了得到钱去买一部 iPhon4 的手机。

作为一款手机，iPhon4 的功能虽然很强大，但是它对一个正常人的作用，怎么也不会超过人体自身的器官。iPhon4 出来了，可以卖肾，那么后面还有 iPhon5、iPhon6……直至 iPhon100 乃至更多，如果一直追着潮流走，小小的一个身体，能有多少器官可以卖呢?

所以，不追随流行，让自己的想法现实一些，可以让理想和现实之间的差异缩小。

改变理想和现实间的差异，还要明确自己的人生定位。一个小孩子说，我想做明星，问及他的动机时，他说因为这样能够有很多粉丝。

小孩子的想法很可爱，如果一个成年人有这样的想法，那就很值得商確了。明星虽然是公众人物，但是对于普通人来说，能够真正了解明星的生活也许很难。镜头前和媒体所展示给我们的明星，常常和他们的实际生活是两回事。

在定位自己的人生时，不跟潮流，尽量不要让别人的看法来左右自己的意见。虽然古人说“兼听则明”，但是一味地听从别人的意见，到最后反而无法做出决定。在这个资讯发达的时代，信息处于爆炸时期，在百度输入任何一条词汇，都会出来儿十万甚至过亿的搜索结果。来自方方面面的信息常常让人无从选择，所以，听从自己的想法来做出决定是很重要的。

理想和现实相隔甚远，但是又互相依存，知道两者间的区别，拉近它们间的距离，对每个人的人生都会是一件非常有意义的事情。

越简单越快乐

用于工厂管理的方法中有个“5S”，是指整理、整顿、清扫、清洁、素养五个项目。因为这五个单词日常用语的罗马拼音均为“S”开头，所以简称为5S。开展以整理、整顿、清扫、清洁和素养为内容的活动，称为“5S”活动。

“5S”里面的整理，指的是清理那些不必要的东西，其中很重要的一点就是扔掉那些看似有用，但是很久都不会使用的东西。这一点在“5S”这种管理方法中是最重要的，仔细想想，这样做的主要原因就是使生产场合和生产过程简便化，避免过多的繁杂事物影响生产效率。

现在有一种提倡“简单生活”的人群，他们所倡导的生活理念和整理有着异曲同工之效果。

“简单生活”就是指摒弃生活中那些杂乱无章的规则，做自己真正喜欢做的事情。

没有什么比每天花上十几个小时去完成自己所讨厌的工作更

令人烦恼的事了，没有什么比每周都要重复这种生活更令人无精打采了。更令人沮丧的是，你也许已经过着这样的生活好几年了。让人看不到希望的是，你不知道这种生活什么时候能够得到改变。

如果知道自己想要什么，要做什么，你的烦恼可能会少一些，你所要从事的工作也会因此而容易。

当然，找出自己想要的事，为了这些事情去努力，是一件非常艰难的事情。“知易行难”，和订一个行为计划不同的是，如果要你每天去努力，去坚持一些自己想做的事情，会需要更多更大的努力。

首先，你得改变长期以来已经形成的生活习惯和思维惯性。每天早晨起来时，你不能再习惯性地留恋着柔软的枕头，而要把你的想法转移到开始一天的工作上来。甚至对于那些辛劳的人来说也是如此，他们将习惯一种完全不同于从前的生活方式，不是去每天由别人安排好的地方上班。从此以后，他们的生活将由他们自己的思维来决定。工作、进修、学习一些新的生活技能，当然，部分的时间要用在休闲上。如果可以，甚至会到国外去旅游。

当你花上一段时间思考你所想要从事的工作，并且重新安排你的工作时，你会发现，你所面对的将是一个完全不同于现在的自己。相对你从前浑浑噩噩的人生，你会发现你所有的一切都改变了。

心若改变，一切都会变。在今后更长的日子，你会习惯一种简洁而富有成效的人生。

这就是简单生活，李德在她二十八岁生日时，报名参加了一个培训班。之前，李德在一家会计事务所工作，对很多人来说，这是一份不错的工作。体面而且有较高的收入，每天穿戴整齐地进出于一尘不染的办公室。但是时间久了，李德发现自己就像机器人一样，她不明白自己的人生到底是什么，人生目标在哪里。朋友给她介绍了一位男朋友，两人经常在一起吃顿饭，聊几句天，一切平淡得就像工作一样例行公事。后来两人分手了。和李德前面所有无疾而终的经历一样，这次和异性的交往直至分手仍然没能改变李德那种对人生迷惘的想法。

这时有个在南方一家旅行杂志工作的朋友回到北京，她告诉李德她们杂志社想要找一名专栏作家，负责为她们杂志写一些旅行文章。李德告诉这位朋友说她对这个职位很有兴趣。

一开始时李德收到了很多方面的劝告。确实，放弃现在稳定而且收入不错的工作去满世界跑，实在不是一件很明智的想法。李德明确地告诉大家，她已经厌倦了烦琐而枯燥的都市生活，她想尝试过种全新的生活。

如今的李德，常年穿着一条牛仔裤，这对以前的她来说是不可想象的。奔波于世界各地，生活虽然显得忙碌，但是内心平和而简单，因为这正是她自己真正想要的生活。

一次和朋友聚会时，李德大学时的一些女同学，大多已经为人妻为人母。大家谈起来，无不羡慕李德的自由和简洁的生活。很多大学时才华远胜李德的同学，如今都安然销声匿迹于家庭中了，而李德的名字会经常出现在一些媒体上。

“当然，相对来说，她们可能获得的是另外一种成功，也许她们所过的，正是她们自己追求的生活。但是对于我来说，现在的生活正是我所想要的。”李德这样说。

简单就是快乐，尽量让生活简单有个很大的好处就是，你可以把自己绝大部分精力放在自己所喜欢的事情上，自己做自己生活的主人。

尝试着做出一些改变，这并不难。很多人舍不得自己正在进行的生活的原因，并不是因为这种生活有多好，或者多适合他。他们不愿意做出改变多半是因为一种习惯和惰性使然。害怕挑战，和对不习惯的生活的一种恐惧感，让他们离不开目前的生活方式。

据说，爱斯基摩人用这样一种方法捕捉北极熊：他们把捉到的鱼上穿上一把锋利的匕首，然后把鱼放在北极熊出没的地方。当北极熊发现鱼的时候，就会本能地伸出舌头去舔食。刚开始的时候北极熊舔食的是鱼，慢慢藏在鱼里面的匕首露出来了，北极熊的舌头就会被刺伤。因为在舔食鱼的时候舌头已经被冻麻，所以北极熊并没感觉到太多的疼痛，而舌头流出的血让它觉得味道鲜美，于是更加卖力地舔食。终于，失血过多的北极熊晕迷过去，猎人轻而易举地就捕获了它。

那些习惯于自己并不喜欢的生活的人就和因为舔食自己的鲜血被捕捉的北极熊一样，被一种有害的惯性麻痹了神经。比如吸食香烟者，明知香烟有害，但是仍然会乐此不疲。有人说戒烟很难，但是另一人说很容易，并且以自己为例说，自己每年都会戒好几十次烟，平均一星期就会一次。呵呵，不管说戒烟容易者，或者不容易者，相信他们都知道吸烟有害健康。但是习惯使然，即便政府发布戒烟令，也不一定能够让所有人戒掉烟瘾。

朋友三岁的女儿在一个早晨对她说："妈妈，晚上我总是失眠，你知道为什么吗？因为我要想很多事情！"哑然失笑之后朋友开始深思，三岁的孩子就会想很多事情，就开始体会到"失眠"这个词。是什么让我们的生活变得如此焦虑？

生活中，经常有很多不需要的东西。比如那些过时的衣服，往往扔掉又可惜，只好打包装起来，但是如果这样放着的话，可能直至你有一天下定决心扔掉它们之前，也没有人会打开包看它们一眼。有位先生在电视上抱怨他的妻子总是把那些穿过的衣服打包收起来，他说："北京的房价两万多块钱一个平方，她就用这宝贵的空间来装那些旧衣服！"很无奈的口气。

相同的问题几乎存在大多数人生活的方方面面，如果在家中搜捡一番，绝大多数人会发现，自己家里竟然有超出一半以上的东西是根本用不着的。有很多东西打包放着，如果不拆开包装，想很久也想不出那里面究竟包着什么。

这类东西，我的建议是不妨直接扔掉，因为你根本都不记得它了，更别提使用它。如果好奇心让你打开来看，里面装的肯定是那类让你弃之可惜，但是留下来又想不起什么时候会用到的东西。

物品如此，我们头脑中的想法亦然。从小孩开始，我们开始在我们的大脑中积累着各种各样的想法。越积越多，想法没有重量，也没有体积，它不会让大脑感到装不进去。日积月累，你会发现，它们仍然会让大脑膨胀的要爆炸一般。

和那些留之无用，弃之可惜的物品一样，我们大脑中的想法，也有很多是无用的。

想让房间保持整洁，可以扔掉一些无用的物品。同样，你也可以学会快速清理你的大脑，让你的思想开始变得简单整齐。

第四章 人生不是舞台，生活不是表演

努力不等同于幸福，但是，它也不等同于痛苦。如果可以，我们大可以幸福地去努力，开心地去做一些我们认为值得去做的事情。

你的观众并没有那么多

老虎科尔从小在马戏团长大，从很小开始，它就要学习表演，饲养员在喂养它的时候会让它两只脚站立起来行礼。平时当它和别的小动物玩耍的时候，会让它张开大嘴含住别的小动物，但是牙齿不能用力，否则，那些小动物轻而易举就会一命呜呼。

科尔从小就被告之，它将成为一个明星。（当然，科尔不会人类的语言，但是那些训兽员成功地用科尔能明白的方式让它知道了这个道理）将要成为明星的科尔每天精神抖擞地训练，很快，它长成一只成年大老虎，它成为了马戏团的明星。

和人类所有的明星一样，科尔每天的任务就是表演。除了专门的演出时间外，它的日常生活也不例外，不管它进食，嬉戏，甚至睡觉时，都会有镜头对准它。高大威武的科尔成了动物界的偶像。

一次偶然的事故改变了科尔的生活。当马戏团在一个靠近森林的镇子上表演时，突然遇到了一场突如其来的大火。谁也说不清大火是如何引起的，只知道它造成了巨大的灾乱。部分是出于本能，部分是因为在练习钻火圈时学会了怎样避开大火，科尔竟然成功地从这场大火中逃生了。

从大火中逃生的科尔和几只幸运的动物一起逃过了一条穿过森林的河，这条河阻隔了大火，使森林的另一边成了安全的地方。

失去了马戏团的庇护，过惯了舒适生活的科尔要在森林中依靠自己来生活了。

科尔以前在马戏团也学过捕食，但那些全是用来表演的。以前那些供它捕食的小动物全是马戏团指定的小动物，科尔很容易就能够威风凛凛地抓住它们。当然，科尔每次抓到这些小动物后，并不会真正吃掉，因为它明白，这一切只是表演。

一开始，听惯了赞美之词的科尔并没有认为捕食一些野生的小动物是件很难的事情。它在心里告诉自己：我是老虎，是森林之王，而且自己的照片曾经上过无数的报纸杂志，记载自己奔跑的矫健身姿的录像曾经被很多电视台用高价买去播放。但是很快科尔就开始气馁了，森林中的小动物并不是那样容易捕捉到，有些时候，科尔甚至根本找不到它们在哪里。就算远远地看到一些小动物，它们也在科尔到达之前很快就躲起来了。

当马戏团找到科尔时，它已经饿得奄奄一息了，从它年少时就开始学习的用于表演的捕食技巧没有帮助它找到任何的食物。

老虎科尔的故事在人类身上也常常发生。网上曾经传出一段少林武僧一龙和美国海豹突击队教官阿德安·格罗特比武的视频，短短的时间一龙就被击败。这一段视频强烈地刺激了国内武术爱好者对中国功夫优劣的争论。少林第一武僧一龙从六岁开始习武，是国内“公认”的第一高手，据说在国内比武从未败过，然而，和阿德安·格罗特比武时仅仅四分钟就被击败。同样也是中国武功对战美方。“武林风决战拉斯维加斯”在赌城拉斯维加斯哈瑞斯大酒店举行。最后结果是中方五胜一平三负赢得了胜利。中国的另一位民间高手王洪祥取得和一龙完全不同的战绩，击败美方的海斯·哈斯。

天下功夫出少林，自从电影《少林寺》热播之后，看惯了电影电视剧中各位明星的表演，总以为少林功夫是高深莫测。虽知道表演和真实的功夫有着本质上的不同，随着少林高僧的倒下，大家心中建立多年的观点也轰然倒塌。

看了太多表演，人们对于真实的生活反而会不相信。一次在网上看到一个讨论“武林风”的帖，很多人在下面表示疑惑：为什么上面的人打架时像市井无赖打架一样，动不动就扭在了一起？全无美感可言，电影上那些大侠们潇洒灵动，轻轻巧巧败敌的中国功夫到哪去了？甚至有人感慨中国功夫大不如前。

生活是一回事，表演是一回事。如果把表演中的一切放到生活中来，会发现根本不是那么一回事。曾经看到一位著名的跳水运动员让人哑然失笑的两张照片。头一张是这名运动员为某知名化妆品拍的，照片上这位运动员从水里上到岸上来。她双手扶着游泳池边，头优雅地扬着，头发垂直地立着，水珠顺着她光洁的脸庞和脖子滑下来。而另一张照片，是这位运动员比赛时拍的照片，她正从跳池边上爬上来，上身趴伏在池边，胳膊和身体正在用力往上爬，她脸看不太清楚，整个人显得累而且与优雅一词毫不搭边。

后一张照片显然更为真实，虽然不是那么富于美感，但是照片的主角显然更为轻松。从某种意义上说，表演就是牺牲自己的自由，达到娱乐观众眼球的效果。

有人说，人生就是表演，这个世界就是一个大舞台。但是我要说，生活就是生活，不是一场强迫每个人加入其中的表演。电影明星表演是为了票房，政客表演是为了选票，公众人物表演是为了他们的形象。而普通人，大可不必生活得那样累。世界如此广大，如果每个人每时每刻都戴着面具生活，我怕有一天所有的人都找不回自己，都不知道自己本来的面目了。

就算生活是个大舞台，每个人都是演员，也不可能人人都是主角，观众的眼光不会总放在你的身上。努力地做好自己就好，做一个自然自我的自己，不要因为太过在意自己的形象而感到压力。

礼仪书告诉我们，出门前应该对着镜子仔细地整理好自己的着装，这样在人群中才会显得精神抖擞，个性十足。但是现实中，过分地注意自己的装扮，往往会让个性湮没在人群中。

以前在公司工作时，有一次去参加一个晚会，到了之后，发现到场的人个个西装革履，有几位男士还表情严肃地戴着黑眼镜。一问主人，才发现主人在写请柬时把邀请理由写错了，本来是一次休闲式的聚会，请柬上的语气显得过于郑重，才有了客人一个个如出席重大商务活动一般的装扮。

我偷偷看了客人中，发现有几位年纪较长者并没有打扮的过于郑重，但是他们的打扮在一群礼服中间并没显得特别不同。不但如此，还因为这几位老者随和自然的装扮在人群中显得卓尔不群，特别自信。偷偷找人一问，原来这几位都是几个大公司的董事，是这次晚会中的重量级人物。历经世事所给他们带来的自信使他们即便穿着非常随意也显出一份与众不同的自信来。

很多时候，我们觉得生活太累，并不是由于生活对我们过于苛刻，而是由于我们太在乎我们在外界，在别人眼中的形象。即便在熙熙攘攘的人群中，人来人往，每个人都忙碌着自己的事，我们也总是担心别人看着我们。因为太在乎别人的眼光，太在意别人的想法，无形中渐渐地为自己编织了一张网。

生活不是表演，你也没有很多的观众。每个人都是为自己而活，没有多少人会一直把你放在心中，做回你自己才是最重要的。

欲速则不达

孙悟空进山学艺，拜菩提祖师为师。菩提祖师看孙悟空天资非同一般，开始的时候教他打坐修禅这些。三年时间过去了，孙悟空觉得学这些没意思，就去找师父要学些真本事。

菩提祖师虽然知道学艺必须得经过几番磨炼才能修成正果，但是他知道孙悟空出身非同寻常，乃天地之灵气聚集而成，就破例教了孙悟空七十二变和筋斗云这些法术。

学到这些法术后，孙悟空就不肯安心再学其他的东西了，马上打道回府，回到他的花果山去称王称霸。于是就有了后来的大闹天宫和被压到五指山五百年这些事。

为什么一定要有大闹天宫，被太上老君关在炼丹炉炼出火眼金睛，在五指山下经受五百年风霜雪雨，历尽荒野凄凉这些事呢？直接让菩提祖师教孙悟空学会各种本事，然后再让他带着一身本领去斩妖除魔，去西天取回真经不好吗？就如很多章回小说中一样，学会了十八般武艺，然后出山变得天下无敌。

天地生人，大凡做出一番事业来，总得经过无数磨炼的，何况孙悟空本来是要成仙成佛的人物，自然不可能让他轻轻松松地就立地成佛。

孙悟空是神仙中人，是能得成正果的人物，按照现代的说法就是有背景的，天生会成为大人物的人，尚且要费一番周折才能修成正果。至于我们普通人，所谓的一步登天，立地成佛就更是不可能了。

不管是理想的实现，还是人生的过程，总要经历一番挫折，需要一定的条件才能够实现。好高骛远者总是把眼光盯着很远，不会想到必须经过的过程和实现理想的条件。

比尔·盖茨从哈佛退学，自己出来创业，结果就有了微软。这为很多年轻人中途辍学找到了理由，他们会说看看比尔·盖茨，他大学没读完一样成了世界首富。但是这些年轻人只看到了比尔·盖茨成功了，成了世界首富，没有想到世界上只有一个比尔·盖茨，而且他的成功一样有很多必须的条件存在，比如他编写程序方面的才能，然后他抢先占领了软件开发的制高点，还有他的几位朋友的鼎力相助等等。

有位老师说得好，我并不反对那些大学没读完的学生提出退学的要求，对他们所举的比尔·盖茨也没读完大学的例子也很赞赏。我支持他们退学去创业，但是有个前提，那就是他们必须能成为比尔·盖茨。

急于求成者总是能很快地找出一些成功的例子来充实自己的理由，同样，当他们放弃梦想时，也一样能找出若干失败的例子，为自己失去信心找到理由。

渴望一夜成名，或者渴望买彩票中个大奖，励志书作者和彩票商每天都在告诉人们，做到这一切是多么容易，只要你按照他们所说的去做，成功只是早晚的事情。

但是很多时候，世事的变幻并不会依照人们的想法而改变。它们自有它们自身的规律。

一位青年参加了一个海龟研究小组。他和几位教授一起来到一座海岛上，观察海龟产卵到小海龟孵化的过程。他们花了一个季度的时间，看到一只只海龟爬过海滩，在洞穴中产下卵，并观注这些卵最后变成一只只幼小的海龟，现在只等最后小海龟越过海滩进入大海，他们这次来到这个小岛上的任务就完成了。

一个晴朗的早晨，这位青年起来得比较早，他先别人来到海滩观察那些小海龟。他发现有两只小海龟准备提前进入大海了，但是现在有个难题，一大群海鸥在边上虎视眈眈地守候着。毫无疑问，这两只小海龟只要从洞穴一出来，马上就会成为这些海鸥口中的美食。

这位青年之前曾经向研究组带头的教授提出来，是不是他们可以想办法用人工把这些小海龟转移到海里去以避开这些海鸥。但是这一提议让教授否决了，教授说："物竞天择的过程是自然界选择的过程，人为地去改变这个过程往往会适得其反。现在如果我们帮这些小海龟进入了大海，那么明年呢？还有以后的更多日子呢？就算每年都有人能来帮助这些小海龟，那么它们天生具备的那个避开海鸥进入大海的能力就会逐渐消失，终有一天会被大自然淘汰。”

因为记得教授所说的话，所以这位青年并没有动手去把这两只勇敢的小海龟抓进海里。但是恻隐之心使他不忍心让两只小海龟成为海鸥的口中食，所以他在边上驱赶那些试图接近两只小海龟的海鸥，让两只小海龟顺利地进入了大海。

这时，教授和其他人过来了，他问青年你在做什么？青年告诉了教授刚才的事情。教授脸色沉重地说：“你办了件很愚蠢的事情，马上你就会看到后果了。”

这时只见原来等在岩石上的海鸥全部飞了起来，成群地扑向海滩。原来那些小海龟全部从洞穴中爬了出来，海鸥们正开始飞上前去捕食。

一场屠杀开始了，虽然研究组成员费了很大力气帮助这些小海龟，但是它们中间的很大一部分还是成为了海鸥的美餐。

后来教授告诉这位青年，刚开始出来的那两只小海龟其实是探路的，如果它们能够安全到达海里的话，别的小海龟看到没有危险，就会向海里冲去。所以青年帮助开始的两只小海龟，其实等于向洞穴中的小海龟们发出了安全的信号，这也是危险的开始。

生命是一个过程，所有的过程都有它必然的规律，如果违背这些规律，有些时候也许能够见到一些揠苗助长的成效。但是随着时间的推移，我们常常会发现最后的结果是得不偿失。

大家所熟知的鸡蛋，孵化成小鸡后，小鸡出壳时，常常是先从里面啄开一个小洞，然后它在里面慢慢用力，挣破蛋壳出来。

刚出壳的小鸡毛茸茸的，非常可爱。曾经有人为了让小鸡少些辛苦，帮小鸡把蛋壳弄破。但是这样出来的小鸡，往往会毛色凌乱、精神不振，大部分不等长大就死掉。

小鸡挣破蛋壳的过程其实也是一种自我努力、成长的过程。这种过程在很多生物身上都存在。蝴蝶破茧而出，蝉从蚕蛹中出来等等都是相同的道理。

同样地，人类的成长过程中，也存在着这种蛋壳原理。记得小时候读《西游记》，总想到为什么孙悟空那么厉害，不干脆让他一个筋斗翻到西天取回真经，那样不就省事多了；甚至还想到如来佛和观世音过于编排人，既然有那样好的经书，为什么不干脆用他们的法术帮忙送一份过来给中土，为什么一定要唐王派人历尽千辛万苦，甚至要冒着丢掉生命的危险去取那个什么真经。

佛法的一些至深的道理虽然不是我们凡夫俗子所能悟透，但是细读《西游记》，就能从中看出作者借神佛鬼怪写人间世态的一番苦心。世间的大小事情，要想成功，总要付出一定的代价，经过一个过程。

小到一个小小的鸡蛋，大到人生的成功失败，所有的事情，都得有一个过程，一个艰苦忍耐、承受的过程，这些过程，也是达到目的所必须经历的。

一份与众不同的可爱

世界之大，无奇不有，每个人所处的环境和他经历的事情各不相同。因为这种生长环境和经历的不同，以至小到每个人的思维和喜好各不相同，大到每个人的人生观和世界观的千差万别。

不同的世界观形成了不同的做事风格，古话说“人上一百，形形色色”。其实如果要从各种差别上对人进行细致的分类，何止一百种。

有句话说得好，“成大事者不拘小节”。很多人认为，凡要成就一番事业，必定要有很高的个人修为，要在个人品质上臻于化境。事实却刚好相反，真正做出一番事业来的人，往往是独辟蹊径，为常人所不为，置世俗的繁文缛节所不顾。

楚汉之争中的刘邦和项羽，就是很明显的两个例子。单是论个人素质，刘邦和项羽有着天壤之别，不管是读书写字，还是带兵打仗，如果没有刘邦的最后胜利，我们单独地把刘邦和项羽放在一起比较，可以说两人之间根本没有可比性。

在世人看来，刘邦出身低微，是个市井无赖，虽然做了亭长，但是就算放在今天看来，也是个东游西荡，整天游手好闲的人物。

而项羽却刚好相反，项羽出身贵族，自幼习文学武，即便最后败于韩信的十面埋伏之下，也是败英勇无比。

有些人认为刘邦是使用流氓手段才获得成功的。有人举出刘邦和项羽相争之时，项羽要杀掉刘邦父亲煮来吃，而刘邦不为所动的例子来说明刘邦的残忍。这事摆在任何人面前，都是件为难的事情，却被刘邦轻轻化解了。刘邦对项羽说："我和你是兄弟，我的父亲就是你的父亲。如果你要煮你的父亲吃，就请分我一杯羹。"

刘邦之所以这样做，是因为他对项羽很熟悉，项羽自视甚高，之所以想出用刘太公来威胁刘邦，是因为求战不得。刘邦深沟壁垒，而项羽又急于求战，所以才出此下策。本来以为刘邦会因此而乱了方寸，没想到刘邦不为所动。这事放到普通人面前，可能马上就会大哭投降；或者是咬牙切齿，任由项羽杀掉自己父亲，然后大骂一定要为刘太公报仇。但是刘邦就是刘邦，轻轻的一句话就化解了项羽的威胁。

还有一件事，也经常被人拿出来诟病刘邦。那就是彭城之战后，刘邦带着几十个随从，还有他的儿子急于逃生，后面项羽的人马就要追来了，刘邦竟然要把他的儿子扔下车去，好轻车逃走。后来部下力劝，甚至违抗刘邦命令，刘邦才没有扔掉他的儿子。

后人提起刘邦时都会说到这两个故事，说刘邦对上不孝，对下不慈。但是这两个故事讲出的正是刘邦过人的一面。刘邦当皇帝后，封刘太公为太上皇，而且恭敬有佳。至于刘邦的儿子，后来也成了太子。自古成大事者，在面临危急之时常常能想常人所不能想，为常人所不能为。优柔寡断、遇到事情不能下定决心者，常常面对的是失败的结局。世俗的想法，常人的心计，常常会让我们失掉很多机会，走错人生的道路。三国时的曹爽，就是这样一个例子。

魏主曹睿临死的时候，托孤曹爽、司马懿辅佐年仅八岁的幼子曹芳。为争权，曹爽和司马懿争斗，司马懿装作老病昏庸骗曹爽不加防备，然后趁曹爽出外狩猎时发动政变，控制城中的羽林军。

曹爽手下的智囊桓范设法逃出城外告变，司马懿听说大惊。太尉蒋济劝司马懿说："驽马恋栈豆，必不能用也。"意思是说曹爽就像只想待在马棚里吃豆饼的劣马一样，贪图安逸，没有远大的志向，肯定不会用桓范的计策。

桓范见到曹爽后，建议曹爽用手中的兵权，调外兵来讨伐司马懿。但是司马懿派人通知曹爽：只是要削去他的兵权，不会伤害他和他的家人，还会保证他的荣华富贵。

结果曹爽果然不听桓范的计谋，而说："我不起兵，情愿不当官，做个有钱的人就够了。"曹爽让司马懿骗回城中，兄弟三人、家人及所有的跟随他的人全被杀了。

卑鄙是卑鄙者的通行证。有些时候，成大事者之所以为常人所不为，其实为时势所逼。比如刘邦，假如当初项羽用他老爸来威胁他时，和曹爽一样，投降项羽，依项羽的残暴，很难想象他会有什么好结果，最后也就是落个为人耻笑而已。

非常之人，行非常之事。如果你要有所成就，你的想法和行为，就不能遵循常理。

再说刘邦，他年轻的时候游手好闲、不务正业。刘邦兄弟三人，大哥早逝，大嫂带着侄子早年守寡，刘邦却喜欢到处结交狐朋狗友。这些人在一般人看来，也就是酒肉朋友。刘邦朋友多，但是没钱，就算是酒肉朋友，人家来了总得请吃顿饭吧。可是自己又没钱，于是刘邦经常带着这些朋友到大嫂家蹭饭吃。

日子长了，刘邦大嫂不高兴了，自己家本来就不宽裕，小叔子还常常带些不三不四的朋友来吃饭这样怎么行。于是有一天刘邦又带朋友来吃饭时，他大嫂用饭勺把锅弄得哗哗响，表示锅里面没有饭了。客人不好意思，就离开了。

客人走后，刘邦去厨房掀开锅盖一看，发现里面有一大锅粥。于是刘邦对大嫂心怀不满。

因为不事劳作，刘邦也没有置下什么家业，他父亲刘太公也常常责骂他，说他不如他二哥顾家。

当了皇帝后，刘邦因为记恨大嫂当年不肯让客人吃那锅粥的事，就封他侄子刘信为“羹颉侯”。这是个让人好气又好笑的名号，“羹”是粥的意思，“颉”是完了的意思。用白话说，就是“粥完了侯”。

刘邦大宴群臣，他的父亲也在座，他给他父亲敬酒说：“当年您老经常说我不如老二本事大，没有置下什么产业。现在您当着群臣的面说说，我和老二谁置的家业多？”群臣大笑，山呼“万岁”。

非常者行非常事，这两件事非常好笑，但是也看出了刘邦不同常人的一面，虽然也有平常人所有的忌恨心理，但是他仍然能大度地给侄子封侯，也能把当初老父亲责骂自己的事拿出来笑谈。

从众的行为，和众人一样千篇一律的思考方法，在给我们带来安全感的同时，也让我们的个性湮没在人群中，找不到发挥的机会。有一名青年去拜访一位大企业家，他向这位大企业家请教怎样才能出人头地。这位企业家说：“很简单，你只要穿上红色的衣服就可以了。”

这位青年有点莫名其妙，穿红衣服和成功有什么关系呢？

这位企业家指着他工厂里的一群工人说，你看到那群工人了吧，他们互相之间有什么区别？这位青年表示他看不出来。

这位企业家说，我和他们之间也不熟悉，不知道他们的做事能力，个人情况。但是我现缺一个领班，我只对他们中间穿红色衣服的那位小伙子有些印象，所以我现在准备提升他做领班。

穿上红色衣服就是让你显得与众不同的方法之一。当年，这位企业家说的不全是指红色衣服，他说的意思是，如果你要成功，就得想办法展现你的个性，让你能够显得与别人不一样。

而显得有个性，肯定不是指在很多人眼中显得道德完善。虽然道德过人也是让人记住你的办法之一，但是通常在我们很多人眼中，有个性者常常会具备若干道德中的缺陷。虽然是缺陷，但是常常因为有了它们，而让这些有个性者显露出一份与众不同的可爱。犹如玉之瑕疵，最美的玉常常不是那些无任何瑕疵的玉石。

做自由自在的自己

时尚没错，过分追求时尚和追赶潮流就会让人变得无所适从。据说，时尚和风水一样，是轮流转动的，但是什么时候流行什么，中间不一定有规律可循。否则，靠时尚的催化来取得利润的制造商们就会个个都成暴发户了。

单从实用性上来讲，时尚的东西不会比一件老古董更为有用处。曾经看到过一张张爱玲的照片，照片上她穿一件袖子十分宽大的喇叭口花形状的对襟衣服。据说这件衣服是张爱玲的外曾祖母曾经穿过的。张爱玲的外曾祖父是大名鼎鼎的李鸿章，她的外婆就是李鸿章的夫人。所穿的衣服虽然不敢说是引领她那个时代的潮流，但也肯定不是非常老土的衣服。

这件衣服在衣柜中放了几十年后，到了张爱玲身上，仍然光彩照人。张爱玲有篇文章中提到她穿着外曾祖母的衣服出去到外面，总有人问她是在哪里定制的，是否今年流行这种款式和面料。

可见时尚和潮流这东西，虽然很多人喜欢追寻，但是并不是人人都知道它们出自哪里。

记得读中学时每年冬天，天没亮就要起床围着操场晨跑，全校一千多个学生，黑乎乎的一片，蔚为壮观。照例每个班级会有一个领跑者。刚开始跑动时，大前都看着领跑者。但是每个人跑的速度不一样，慢慢队伍就乱了，有人跑到外围去了，有人在操场中央乱蹿，甚至有跑到别处逃离晨跑的。中间乱状，我想和现代的所谓时尚潮流差不多吧，就是那种让人找不到北的感觉。

有人说应该提倡时尚，因为在它里面更多地包含着个性和自由。可是仔细看看所谓的时尚，我除了看到跟风，并没有发现那种所谓的个性。除了种种似是而非的张扬外，大多数的时尚和内心的个性及自由并没有太大的联系。

当环境保护和动物保护还没有成为一种公众意识的时候，时尚界曾经很流行皮草服饰。即便到了今天，皮草也依然是很多人的爱好。从大量的仿制皮草的流行，就可以看得出来。时尚其实主要是以追求奢华和享受为目的的。

有钱人依靠他们的财富来享受，然后一群向往有钱生活的穷人跟在后面追赶，这大概就是时尚的起因吧。“楚王好细腰，宫中多饿死。”时尚这东西，是可以让人不顾肚子饿，甚至陪上性命去追寻的。

有些事情，如果一个人或者少数人做，视为时尚，当大家都去做时，就有可能变成老土。

第二次世界大战期间开始流行的表示胜利的“V”字形手势，由于形式简单明了，很快从欧洲开始流传到世界各地。当时的英国首相丘吉尔就十分喜爱这个手势，在几个有纪念意义的场合他摆出的这个手势甚至成为经典。当这个手势到美国后，妇女们的胸针也纷纷成了“V”字形。

半个多世纪过去后，“V”字形手势进入了中国，成为了很多人照相时喜爱的造型。但是就如所有流行的东西一样，跟风的人多了，时尚就变成了老土。电影《人再囧途之泰囧》中，徐铮对着照相时爱摆“V”字形手势的王宝强说：“世界上最老土的事就是照相时摆出剪刀手。”

扮酷吗？也许很快你就会发现，“COOL”早就过时了。又开始被“萌”来取代。但是当你试着扮可爱时，你会发现，只要你照相时一嘟着嘴，就会有人表情奇怪地看着你，好像询问你是不是吃错了药。

流行如此多变，不管你怎样努力，时尚是那种你根本弄不清是什么的东西。如果你要流行也没关系，但是前提是你是时尚大师，时尚是出自你的创造，否则，跟在别人后面，你就不可避免会被人称为老土。

流行的东西常常有个时效性，如果你跟着流行走，常常在不知不觉的时候就会被淘汰了。很多人追求流行，一半是跟风，另一半是因为不自信。有谁听说过比尔·盖茨会向人打听今年市面上流行什么样的手提电脑？有句话说得好，除了比尔·盖茨，别的人提再好的笔记本上街都会被人当作老土。而比尔·盖茨即使拿个饭盒，也会让人视为电子新概念。

正因为流行有了这些盲目性和容易过时，所以我建议大家最好是不要过分追求时尚。

只要你高兴，用什么不可以？远离时尚，做个自由自在的自己。

承诺没那么简单

一个小男孩对他的爸爸说：爸爸，等我长大了，要给你盖好高好高的楼，让你和妈妈住在里面。

若干年后，他的爸爸也许早就忘记了孩子说过的话，曾经的小男孩已经长大，也为人父，当然，和很多孩子小时候许下的诺言一样，他并没能够为他的父亲盖上很高很高的楼。有一天，他的孩子也对他说：爸爸，等我长大了，我要为你和妈妈盖很高很高的楼。

这时候，曾经的小男孩在心中暗笑，少来了，你玩的这招你老爸若干年前就用过了。

孩子的承诺能给大人带来最好的安慰，但是成年人之间的承诺却常常会带来彼此间的隔阂。我们大家都有过承诺了做不到的时候，也遇到别人给自己承诺却不能实现的时候。这样的结果常常是：我们慢慢地变得开始不相信任何人，慢慢地也没有任何人相信我们。

承诺通常是为了让人与人之间更加信任，最后的结果却常常适得其反：只是增加了人与人之间的不信任感。

如果有人经常把“我保证”、“请相信我”这类话挂在嘴边，你听他说话时就要费几分踌躇了：这人是不是个经常失信的人呢？

少给承诺，因为承诺了就得做到，如果你一直承诺，最后这些诺言也会变得一文不值。

承诺意味着你将负上一份责任，承诺过后，你有两种选择：一种是守信，坚守你的承诺，不管遇到怎样的困难也不放弃；另一种是忘记你的承诺，让它随风而去。

第一种情形太艰难。每当恨不得放弃时，你会想当初不如不承诺，现在也就不会有这样多的心理负担。与其说你是为了所承诺的事情而累，不如说你是累在心里。有了一份承诺，心中便多了一份重量。

第二种情况好像很简单，你只要忘记自己曾经说过的话就可以。但是事情并不会这样容易，只要你承诺了，总会要为此付出代价。这世上有一类人，他们专们拿着各种帽子准备戴到别人头上。如果你承诺了，后来又放弃，马上就会有人说你是“背信弃义”。为了一次小小的承诺，而付出不道德的恶名，值得吗？

我们那时的小学课本上有一篇文章，好像是苏联的某位作家写的，文章名字叫《誓言》。文章的大致内容是：作家去散步，发现有个小孩站在公园的一个小屋门前一动不动，询问之下得知这小孩和别的大孩子玩打仗游戏，大孩子让他做哨兵，看守军火库，并让他发誓没有命令绝不离开。夜深了，公园已经要关门了，那些大孩子也许早就回家吃过晚饭睡觉了。可是这小孩子坚持不肯离开，因为他曾经立过誓。最后这位作家去外面找了位上尉，一位真正的军官来命令这位哨兵回去休息。接到军官命令的小孩子高兴地向上尉敬礼后离开了，留下作家在那里深深地感慨。

这只是一个游戏，游戏中的别的角色都早已经忘记了这件事，而这孩子却为了游戏中的誓言留下了。不肯回家吃饭，不肯回家睡觉，只是为了个游戏。我们无法考证这个故事有多少的真实性，如果在现实中，真有这样的事情发生，我想多半这孩子会让父母大骂一顿。

我们再假设一下，如果故事中的小孩子没有遇到这位作者找来一位军官命令他离开，那么这个小孩会不会放弃自己的誓言呢?

每次承诺其实都伴随着责任和心理的负担，承诺过多，失信的机会也会随之增加。

不承诺，并不是说要对什么都不负责任，而是说承诺了就一定要做到。世界上不乏到处许诺的人，守信的人却很少。所以才有了“望穿秋水”这个词，等待中，一半是信任，一半是怀疑。

不管是许下承诺，还是对别人承诺的一份信任，同样需要很大的勇气。

恋人之间的承诺是最多的。从生死相依、海枯石烂、天长地久到沧海桑田爱你一万年，每一个誓言都可以让人感动到流泪。

但是恋人之间的誓言也常常是最靠不住的，大多数的海誓山盟最后都随风而逝。

承诺不难，但是守住承诺很难。承诺而不能实现带来的心理负担会让人感觉到很大的一份压力。

有人说，我承诺时所说的话是出自真心，只是过后时过境迁，事情完全不是我当初想象的那样。所以不是我不守诺言，而是这世界变化太快。

既然明知世界变化太快，那么我们为什么还要承诺?

这个世界不是你想做就一定能做到，不是你付出了就一定能够拥有。

不承诺，也就不用担负着承诺的负担前行。世界会变，你我也会变，大家都是会变化的，为什么要让今天的承诺来禁锢明天的自己呢。

不承诺，我们就不用怀疑一切。

一对恋人在一起，其中一个问："你爱我吗?"回答："爱!"又问："永远吗?"回答："我爱你时是真的爱，在这一刻，你我近在咫尺，我能真实地感受到你。但是，我不敢说这份爱能永远，那太奢侈了。"

没有什么能够永远，承诺也不能。不承诺，才能够活得更真实。

第五章 你原本无须这么辛苦

喜欢用格言来鼓励自己，让格言成为精神支柱的人是很可怕的。因为这类人在生活中遇到挫折时他们常常不是去找出失败的真正原因，而是在格言中找原因，用格言来指导他们的下一步行为。

坚持只是一种方法

如果没有梦想，生活也就没有目标，当然也就无法成功。

有了梦想，而不去坚持，也没法成功。

很多人相信了这种说法，于是有了“坚持就是胜利”。

于是有了千万人聚集一起学英语，他们的口号是“坚持就一定成功”。我曾经在一个广场看到过这个场景，当时群情鼎沸，很多旁观者都深受感染。

那些当初在广场上呼口号的英语学习者到底有多少人学到了一口流利的英语，我不乐观。学英语不是靠喊口号就能成功的，喊口号只能给办英语培训班的人带来生源，对自己学习英语并没有任何的实际意义。

至于坚持，那只是做好一件事情的条件之一，并不是唯一条件。不是坚持就一定能成功。

中国古代寓言中有两个坚持就能成功的例子：一个是愚公移山的故事，另一个是精卫填海。愚公移山我们大家都知道，最后是因为天上的神让愚公的坚持精神所感动，派大力神来移走了两座大山。精卫填海的结果也差不多，龙王怕精卫真的填平了大海，于是向精卫认错，并且想办法弥补了自己的过失。

大家看看，坚持真的一定会胜利，而且会胜利得让人不敢相信。

寓言就是寓言，经不住任何推敲，也不会有任何的真实性。小学时老师讲这个故事告诉我们说，这个故事反映了我国古代人民不畏强暴，相信坚持就一定能成功的这个道理。直到今天我也没明白，为什么海里的龙王就会惧怕一只小小的鸟儿？

劝人坚持者能举出很多类似“精卫填海”这类的神话故事来，但是他们发现在现实中，大多数坚持者面临的都是失败。

也许有些特别的例子，有些人专注于某个特定的领域，最终取得了超人的成果。但是我们在研究这些成果时就会发现，更多专注于这个领域的人，是以失败而告终的。

所以，人们这次改变了说法，他们说：“坚持不一定会成功，但是不坚持一定不能成功。”

是这样吗？鲁迅年轻时感叹国人体质太差，于是立志学医。后来一系列事情让他认识到，中国人精神上的缺陷更甚于体质上，于是他开始习文。最终鲁迅成为一代文豪。

事实上，很多人在面临选择时，经常会遇到同样的问题：坚持，还是放弃？

在面临这个选择时，大多数人首先考虑的不是他们选择的事情本身，而是抛开坚持这种品质是否会招来人们的嘲笑，会不会让人觉得做事有始无终。

也就是说，大多数人更在乎的是坚持本身，而忘记了事情的本质。

应该说，坚持只是一种方法，或者说，是一种品质工具。当它用对地方时，它就是好的。如果用错地方，那就是错误的。

学会明智地放弃

金庸小说《天龙八部》中的慕容复，身怀绝技，武功独步天下，时人称：北乔峰，南慕容。出身也非同寻常，为大燕国后裔，胸怀大志，立志要复兴大燕，重振前辈雄风。别的方面，也少有人能望其项背：王语嫣绝代佳人，对他一片痴情；风波恶等几位高手忠心耿耿地追随，至于家财万贯等等自是不在话下。

然而，就这样一位高富帅中的高富帅，最后却落得个心智失常的下场。究其原因，只有一个，不知进退。

对慕容复来说，他人生的所有意义就在于复兴大燕国。为了达到这一目地，他可谓不择手段，种种常人所不能想和不能为的事情他都做了，但是最后却仍然没能达到目的，所以心智失常，也许对他是个很理想的结局，因为这样他就仍然能在一群小孩子中间做着自己的皇帝梦。

生活中，大多数人同样也有着这样那样的梦想，而且也常常在心中鼓励自己："我一定要成功。"曾经在一个求职的电视节目上看到一个文学爱好者，据他自己说，他从事文学创作十来年，志向是改变中国文学没有真正的作家的现状。节目中他展示了他写出来的几部手稿，并且即兴和主持人表演了他所写的一部剧本的片段。因为有这份文学方面的爱好，所以他想找一份文学统筹方面的工作。现场招聘的面试人员中，也有几位平常会给一些杂志写稿。当时问了他一些问题。其中一个问题是他的作品有没有曾经发表过，或者是曾经正式出版过，回答是没有。然后这位求职者把这些归罪于没有识才的出版社，他举出了几部世界名著出版如何艰难的例子来鼓励自己。

个人看法是这位求职者的作品很差，他的志向和他的文学才能并不相符。现场也有面试人员委婉地向他指出了这个问题，劝他可以先找份工作，增强些生活方面的积累。但是显然这位求职者并没有听进这些忠告，退场时他举着手对着镜头说："我一定要成功!"

诚然，有着坚定的信念是一件非常值得赞赏的事情。问题在于，很多人和这位求职者一样，在说"我一定要成功!"的时候，并没有对自己有太多的认识，对自己该走怎样的路，也没有明确的规划。在他们的印象中，一个人只要有激情，就一定能成功。

激情很重要，但是它只是成功时的一种精神状态，并不是有激情就一定会成功。至刚易折，通常满怀激情者，面对挫折时最容易因为打击而一蹶不振。

有位学者说过这样一句话："喜欢用格言来鼓励自己，让格言成为精神支柱的人是很可怕的。因为这类人在生活中遇到挫折时他们常常不是去找出失败的真正原因，而是在格言中找原因，用格言来指导他们的下一步行为。”

人们常常以偏概全，比如一个人某一方面不错时，就会认为这个人所有的方面都不错。这种情形常见于生活中很多方面：一个学习成绩好的孩子，一定是有礼貌的；有智慧的人，肯定是道德高尚的；这种习惯甚至延伸到如果一个人长得漂亮，那么她一定心灵非常美好。出现这种现象，主要是因为人们更注重于自己眼睛所看到的表面或者某一面。同样的现象也发生在：当夸赞一个人的执着时，就会对他所有的方面都持赞赏的态度，并不去想他的执着究竟是不是正确的。

事实上，很多人执着只是一种性格上的倔强，并不是他们经过深思熟虑后的坚持。

更多时候，执着的结果只是让自己无路可退。有个笑话，有父子两人都很倔强。一天，儿子挑东西去街上卖，父亲在家等儿子回来吃午饭，等了很久儿子还没回来，父亲就去找。结果发现儿子和另一个挑着担子的人对站在田埂上。原来儿子早晨挑东西出门走到田埂中央遇到那个人，两人谁也不肯后退，也不肯放下担子让对方先过，就挑着担子站在那里等对方先认输。父亲一看大怒，对儿子说：“你先回家吃饭，我来帮你挑着站这里，看到底谁先认输。”

有些人的执着就和这父子俩一样，是一种别人眼中近乎好笑的想法。但是当局者迷，往往这类人总以为自己的坚持是有道理的。

记得小时候读愚公移山的故事，老师告诉我们说，这个故事反映了劳动人民的勤劳勇敢，认准目标不放弃的精神。在这个故事中，让愚公放弃移山的智叟一直都是一个被嘲笑的对象。但是智叟错在哪里，愚公对在哪里，直到现在我也没能够弄明白。如果愚公移山的精神，真的能够让他的门前出现一马平川，那么故事的最后也不用借助天神的力量来移走大山了。还有就是，如果这表现的仅仅是一种精神的力量，最后的事情还要靠上天来完成，那么我们不如直接去虔诚地求神拜佛。

不知为什么，中国古代的故事中有很多这类背离科学和现实的坚持。有个故事是这样的：据说李白小时候非常顽皮，不爱学习，有一天上课时去外面游玩，看到一位老婆婆在石头上磨一根粗大的铁棒。好奇的李白就问老婆婆磨这铁棒做什么，老婆婆说准备做一根针。于是李白深受感动，从此开始发奋学习，终于成了一代大诗人。

每一个名人身后都会被人编出若干这类故事来勉励后人，但是能不能取得效果，我不得而知。

故事可以虚构，在故事中坚持是一种精神，可以鼓励很多人积极向上。但是生活是真实的，生活中如果坚持那些不必要的事情，常常会徒劳无功。

坚持该坚持的是一种执着，放弃不该坚持的是一种明智。如果现实让我们看不到希望，不如明智地学会放弃。

为自己找一个借口

有人告诉我们说，要成功，你就得勤奋，得像猎豹一样勇敢，像鹰一样飞翔，像牛一样勤奋，像狼一样团结和永不放弃……这么多的美好品质，真的很让人振奋。但是这类话语中少了一样东西：我们自己到哪里去了？

忙碌的我们总是找出无数的理由和榜样来让自己不停地向前，有些时候，我们的努力甚至成了一种习惯，连我们自己都不太清楚到底想要什么。

我曾经问一个非常勤奋的年轻人，他那样努力是为了什么。他回答说：我要赚很多钱，让我的父母过上好日子，买上一套好的房子，开上好的汽车。

我又问，在这之后呢？

他笑笑说，能做到这些就很不错了，这之后的事，我不想再去想。

多数勤奋上进的人都如这个年轻人一样，虽然有着自己的人生理想，每天努力奋斗着，却并没有明白人生到底是为了什么。在东部的大大小小的工厂里，在城市中高高的写字楼中，无数的人整天忙碌着。如果你是身处其中的一位，你就能体会到，当有一天你突然停下你的工作，无所事事时，你会立刻觉得茫然无措，找不到生活的目标。

是什么让人们变得只会如工蜂一般忙碌，而忘记了生命中的其他呢？

有人说，现在的生活压力这样大，不努力行吗？不努力挣钱就无法生存，就会让社会淘汰。

该埋怨残酷的现实，还是改变自己，让自己变成现实社会的牺牲品呢？

为什么不给自己一个借口，让忙碌的脚步能够做一些短暂的停留。除了工作、挣钱，这世界上还有很多事情值得我们去驻足，有很多美景值得我们去欣赏。

除了日复一日的劳碌工作，除了每天为了生计奔波劳碌，我们应该还有更多更好的生活追求。诚然，生活的压力会一直存在，但是这并不应该成为我们享受那份属于自己生活的理由。

身处在这个纷繁忙碌的世界，找一个停下来的理由，为心灵找一块静地，能够得到比那些现实的成就更为重要的东西。

给自己一个借口，忙碌时学会停下自己的脚步，看看四周的风景。即便不能让自己真正地从烦琐的日常生活中走出来，也能让自己的心灵得到稍稍的休息。

一位单身妈妈面临着很多烦恼，她已经独身三年了，需要找个新的男朋友，但是她苦于时间不够。她向朋友诉苦说：“我每天要上班，下班了就得去学校接孩子，回到家就得做饭，准备明天的工作……我觉得我所有的时间都不是属于自己的。”

她的朋友，一位心理学专家建议她可以调整些时间出来给自己。这位单身母亲瞪大了眼睛，在她看来，从每天繁忙的工作中找出多余的时间，简直比要求老板给自己加薪还难。

她的朋友，这位心理学家让她设想这样一种情景，假如她在上班的路上，车让堵在路上了，那么她的工作该怎么处理？这位朋友想了想说，如果她实在不能按时到达公司的话，这些事情只有留着她明天上班来做了。朋友又问，如果这件事情是必须今天完成的呢？她说，我手上没有重要到这样的事情，如果真有这类重要事情，老板也不会交到我手上。

她的朋友笑了，她也明白了。原来自己每天忙忙碌碌着的事情并没有那样重要。

同这位单身妈妈一样，我们大多数人忙忙碌碌仅仅是因为一种习惯，并不是因为我们的忙碌是多么重要。

生活就像一只旋转的陀螺，当我们一直向着一个方向旋转的时候，总是会忘记向着另外的方向，我们同样能转出优美的弧形来。

人生除了忙碌，除了不停地向前，还有更多的生活方式。

一些人往往会把人生的不成功归罪于个人习惯来找结果，习惯把问题推托到别的事情上去。认为找借口的人错过了改进自己的机会，于是糟糕的事情也随着这些借口不断地发生，生活也因此而变得越来越糟糕。

但是事情不是这样，当你不停地忙忙碌碌，努力奋进的时候，你同样会遇到失败的打击，一些不经意间出现的小事同样会让你的努力全部化为泡影。

我们努力，是因为人类有着一种不屈服于困境的天性；我们不放弃，是因为我们不愿意向那些没有结果的事情妥协。

不管什么时候，困难和问题总是会存在的。既然这样，我们在努力的时候，为什么不找一个借口让自己开心起来？

世事无完美

有个人死后做了鬼，他向阎罗王抱怨自己经历过的人生太过糟糕，希望能够重新活一次，能过上比较好的生活。阎罗王问他想怎样过。

于是这个人说出了自己的理想人生。无非是荣华富贵、美女相伴、长生不老……总之就是好事全遇上，坏事避开他走。阎罗王听了这些话，对他说："真有这样好的投胎地方的话，这个阎罗王你来做，我去人世投胎算了。"

人世间总会有这样那样的不如意，即便是掌管人类生死大权的阎罗王，也未必遇到过那种百分百完美的人生。

完美人生到底是什么样？有个很著名的富豪这样对人说，当你每天打开电视，看到那些经常出现在电视上的人，翻开报纸，同样也是这些人的消息，人们四处打听这些人的消息，听他们在做什么，你的目标，就是要努力成为这样的人。

看了这段话，很多人会心情振奋。是啊，人生短短几十年，总得有所作为才不枉为人一世。这样的人生该是完美人生了吧？但是记者在采访一些著名人士时发现，很多经常在媒体中出现的人物，本身都会遇到这样和那样的苦恼。尽管有时候这些苦恼并不是不能解决的，但是对普通人来说，如果必须以面对那些痛苦为代价，可能大多数人的选择是宁愿不要成功。

人生就是这样，很多时候，一个人表现得尽善尽美，只是因为他所展现给人们的只是他的一面，当你真正面对事物的全部时，你会发现，事情常常和你想象的相去甚远。

那么，是不是说，因为有了这些不完美的表现，那些拥有金钱和声望的人生就是不幸福的呢？或者说，他们表现在常人面前的仅仅只是一种假象？

事情不是这样的，人们在对待很多问题上常常使用这种“非此即彼”的思考方法。这就是很多人为什么稍有不如意，就会十分烦恼，认为自己是世界上最痛苦的人的原因之一。

我们前面说过，幸福只应该是一个过程，它不仅仅是一个结果。它可以存在于人生的每个时刻，而不是只有我们实现了愿望中的某个理想时，我们才是幸福的。

诚然，在人生的某些高峰时刻，人们的幸福感会非常强烈。但是，我们不可能时刻处在这种高峰的体验中，绝大多数时间，我们是生活在平淡之中，所以，找出平常生活中的幸福，对我们的人生至关重要。

平平淡淡才是真，是因为人生大多数是由平淡的生活构成。即便我们一直在努力，在奋斗，但是不管是现在还是将来，我们的生活都会是在平淡的日子中度过。

世事无完美，对目标和完美的过分追求，常常会让我们忘记平常生活中所拥有的快乐和幸福。

把目标作为幸福的标准，其实缘于一种内心深处的功利权衡。人生的终点无一例外是死亡，从某种意义上来说，死亡才是人生的最终目标，但是有几个人能说，死亡就是幸福呢？又有几个人为了实现自己的人生完美，而加快自己走向人生终点的脚步呢？

不管完美与否，如果可能，我相信大多数的人都愿意延长自己人生的长度。延长人生的时间，其实也就是延长人生的过程。

那些具有跌宕起伏的人生的成功者们并不是每时每刻都生活在精彩中。就我们所知，电影明星的人生是非常精彩的。一位当红明星在回答记者的关于日常生活怎样度过的提问时很诧异地说：“和普通人一样。”接着他反问记者：“你认为明星的日常生活该是怎样？”

提问的记者也很诧异，后来费了很大的力气，对这位明星做了一个专访。在这个专访中，他再次提到了和前面相同的问题。这次他明白了，那些灯红酒绿、夜夜笙歌的生活，只是媒体上的一些照片，电视节目中的一段视频。当红明星和普通人所不同的只是他们经常会成为镜头下的焦点，会成为人眼所注视的中心。

每个人的生活中都存在着这样那样的不满意。当然，这并不表明，那些在很多方面优于我们的人，就一定是不幸福的，他们所获得的，就不值得我们去追寻。幸福不只是以某些目标的实现为前提存在，但是那些目标的确定，对我们的人生仍然是至关重要的。

改变自己

不要总是用自己的个性来挑战生活，这样的结果常常会两败俱伤。

一些人把失败和做错事情归罪于自己的性格。

和人争吵，不管对或者错，是因为自己性格太直，不会转弯；和同事关系不好，也是因为自己性格太直，心直口快，心里有什么不高兴，马上就说出来；在公司做了好多年，得不到提升，是因为自己不会拍马屁，做事不会看上司脸色；凡此种种，生活中的任何不如意都可以用自己性格和这世界不合适来解释了。

真的是这样吗？假如你的天性就不适合于这个世界，那么造物主为什么偏偏会让你来到这个世界上？在你来到这个世界上之前，这世界已经存在了若干亿年，它不会为了因为你和它性格不合适，而来改变自己吧？

诚然，人的天性中存在很多和现实不相符的东西，也有些人用现实中的某些阴暗面来证明自己愤世嫉俗。他们这样给人解释：他们是因为太过清高，所以与大多数人显得格格不入。

尽管现实有很多不如意，但这并不能说明与现实不合就是正确的。达尔文的适者生存说告诉人们，只有适应这个世界，才不会被淘汰。

一些人感叹怀才不遇，认为自己空有一身抱负，却遇不到赏识的人。他们从来没有想过，自己到底有怎样的才能值得人家去赏识。姜子牙钓鱼，是因为他声名在前，文王之前就知道他的才能。刘备肯三顾茅庐，是因为之前听人说过“卧龙、凤雏，得一能安天下”。

不管是理想还是梦想，都需要有外界的条件支持才能实现。没有人能随随便便成功，更没有人能只靠自己一个人的努力来成功，个人奋斗的最终结果只能是失败。

要成功，就得先学会适应这个世界，学会改变自己。

有人说，“江山易改，本性难移”，我天生的这副脾气，没法改变。既然这样，你大可以守着你的本性，一个人安静地待在自己的角落。外面的世界很精彩，但是它是留给那些肯放下架子去追寻它的人。

《三国演义》中，刘备曾用“如鱼得水”来形容自己得以请诸葛亮出山的心情。“如鱼得水”这个词，非常能体现各种心怀理想者和这个世界的和谐关系。当一个人不知道改变自己时，就如同一条在河边沙滩上暴晒的鱼，不管做什么，不管面对什么，都会觉得了无生趣。

总是努力而不能成功，辛苦而得不到幸福，固然会有外界的原因，大多数情况下是因为没有能察觉到自己身上出了问题。大多数时候，总是潜心于自己设计的努力中，不管不顾现实中的实际。这样的努力，自然会离成功越来越远。

一个小孩拼命地哭泣，在一旁劳作的父亲自己因为工作而感到很热，以为孩子也热，于是不断地脱掉孩子身上的衣服。而孩子哭泣的原因是外面太冷，结果衣服脱得越多，孩子哭泣得越厉害。这种情形就是空怀良好的愿望，而不顾现实的实际情况造成的。

在大多数的生活中，这类想法比比皆是。努力是根据现实的情况确定自己的方向，而不是先确定自己的人生方向，然后再去了解现实的实际。一种不肯改变是认为人性是天生的，不应该改变自己去迁就现实；另一种不肯改变是执着于自己的想法，认为坚持就一定能成功。

曾经看过一个很令人感动的执着者成功的励志故事：好莱坞著名影星史泰龙出身在一个贫困的家庭。父亲贪酒爱赌，每当他输了钱喝醉了回到家中，就会拿史泰龙和母亲出气，母亲喝醉了不敢拿父亲怎样，于是也找上了史泰龙。中学没有毕业的史泰龙顺理成章地成了个街头混混。二十岁那年，史泰龙因为受到别人轻蔑地对待，这事深深地触动了他。他开始反思自己的人生："不能再这样下去了，要不就会和父母一样，一辈子酗酒赌钱，成为社会底层的垃圾。我一定要成功！"开始思索自己人生的史泰龙发现自己一无所有：没文凭，没经验，背景就更不用谈了，于是他想到了当演员。

史泰龙来到好莱坞，开始了自己人生的奋斗之路。他四处寻找一切可以让他成为演员的人，但是他得到的是一次次拒绝，两年过去了，遭受了一千多次拒绝的史泰龙依然没有放弃，他一边靠做些粗活来养活自己，一边继续寻找机会。

终于，有个拒绝过他几十次的导演给了他一丝希望，答应把他写的剧本先试拍一集连续剧，如果效果不行，就立即停拍。

史泰龙不敢懈怠，他全身心地投入到表演中去。终于，他成功了。

一个屌丝变成明星的传奇，不是因为演技，也不是因为背景，只是因为执着和永不放弃。这个故事曾经感动过很多人，但是，真实的故事却全然相反。

史泰龙的父亲不是酒鬼和赌徒，他妈妈是占星师、舞蹈家和女子摔跤倡导人，而不是家庭暴力倡导者。史泰龙也不是个街头混混，他高中毕业后在迈阿密大学戏剧学院读了三年戏剧后，退学开始写剧本，同时做演员。

如果只是因为无路可走就想到做演员，那么演员这份工作也太容易做了。还有，因为什么都干不了才想到去做演员的史泰龙，可能执着到被人拒绝一千多次而不放弃吗？

这是一个典型的凭着自己的想法臆想出来，不顾实际就改变现实的故事。不知道这个故事会误导多少人。

执着是一种很好的品质，但是当执着变为偏执时，就会常常让人生陷入一种极端。

是改变自己，去找到适合自己努力的方向，而不是坚持自己的错误，让世界为自己的执着而感动，来顺应自己。

有句话是这样说的，你又不是太阳，凭什么地球全得围着你转？过于以自我为中心的行为，只会让你离成功和幸福越来越远。

第六章 不务正业又何妨

和我们无法选择自己的出身一样，生活中有很多事情是我们无法选择的。我们唯一能做的，是在我们可以控制范围内，做到最好。

做个不自欺欺人的男人

不可否认，这是一个物质的时代，在很大程度上，物质主宰了我们生活的方方面面。文明的程度越高，我们的生活物质化的程度就越高。曾经被人瞧不起的“铜臭味”，如今成了所有人的人生追求。当人们评论一个人是否成功时，不再是用别的标准，而只是用他的月收入，他的银行存款数，他住多大的房子，开怎样的车来作为标准。

这样的时代，让男人们觉得非常累，不管是有能力，还是没能力，有钱还是没钱，大家生活的目标开始史无前例地变得一致。

“春节过后，公司会给我加薪水。如果运气好，我刚刚自己私下接的那个单，也很快会有收益了。等到了明年回家过春节时，我会开上自己的新车回去。”一位在上海打工的朋友春节回到家里时这样对我说。

他的家人和另外一些朋友也听到了这些相同的话，大家都真心地相信他所描述的一切。或期待，或妒忌，每个人都被他所说的话感染了，大家都忘记了，去年春节前他也曾经讲过大致相同的话。

如果现实不能让人满意的话，人们往往会把希望放在未来。但是即使我们现在的处境已经很好，大多数人仍然会为自己设定更高的目标。而这种目标往往是获得更多的金钱和物质。

人们，特别是男人们，总习惯于在思想上把自己的幸福建立在金钱的获得上。诚然，我们中的大多数人都经历过经济拮据时的那种窘迫，也理解金钱对我们人生的重要性。正因为这样，在绝大多数人的头脑中，已经形成了这样一种想法，不管过怎样的生活，只要有钱，就一定是幸福的生活。

有一位朋友因为工作需要经常要出差到全国各地，他所去的地方，有很多是著名的旅游城市。朋友们都很羡慕他到过那么多的地方，能见识各地的风土人情。这位朋友解释说，他到每个城市除了工作外，大多数时间都待在酒店中很少外出，更别说去观赏那些风景名胜了。

在大家深为惋惜的时候，这位朋友说出了他的一个人生愿望：有机会能到全国各地到处走走，去那些值得旅游的地方好好看看。

大家好奇了，原来以为他是喜欢宅着，没想到他的愿望是能到处旅游。大家一起提出了一个疑问，为什么不趁着现在出差，有机会就多看看各地的风土人情，那岂不是工作旅游两不误，皆大欢喜？

这位又说出了他的心里想法，旅游嘛，就得有旅游的样，开着车，约上三两知己，最好还能带上一位红颜，这样的旅游才能称之为旅游。一个人孤孤单单，手中没钱，心中有事，再好的风景也没心情去看。

这话说出了大多数人对待生活和金钱的态度。在他们看来，生活和赚钱是两回事，赚钱是劳作，是一件辛苦的事。而生活是享受，是件快乐的事情，所以两者不能同时进行。

在这种心理下，大多数人有着相同的计划：先挣到足够的钱，然后用剩余的人生开始有计划地享受人生。

听起来这个计划不错，但是实施起来大家才发现，这个计划的困难度远远超出了当初的想象。

首先，挣到足够的钱就几乎是一件不可逾越的障碍。不错，工资一直在涨，打工者赚的钱仿佛是越来越多，做生意的也随着物价高涨存折上的数字不断升高。但是这些都比不上消费水平的增长。如果挣钱的速度和消费的速度同时增长的话，除了极少数有钱人外，没有多少人能够在哪一天对自己说，我赚够钱了，我现在要开始停下来享受生活了。

我们大多数人都是过着这样的生活：一边是一直增长的消费水平，一边是一直等待不能实现的理想。加上种种日常生活中产生的经济压力，对现实不满意的人们，只好寄希望于未来。

未来会怎么样呢？工资收入的增加早就被证明了比不上通货膨胀的速度，于是转而期待一些似有似无的奇迹的发生。股票、基金、彩票，甚至是博彩，日复一日我们到处传扬种种一夜暴富的传奇，并且期待这种幸运有一天能落到我们头上。

当奇迹还没有真正降临在我们头上时，或许我们应该考虑一下，是不是转变一下我们的生活方式？与其在期望中空耗我们的人生，不如趁早为人生制定一些切实可行的计划。

首先，信用卡能不用尽可能不用，对很多工薪阶层来说，信用卡无疑是在他们本来拮据的日常开支中雪上加霜。如果迫不得已要使用信用卡，那么一定要在第一时间还清它。

不管你的收入怎么低，一定要学会储蓄。尽管人人都知道钱存在银行里会慢慢被通货膨胀吃掉，但是这些储蓄会为你的生活增添一份保障。有了这样一份保障后，你在面临一些机遇时不会缩手缩脚。

有位读者和我谈起他因为经济上的难题影响到他的职业生涯的事。大学毕业后，他找到了一份收入不错的工作，但是他一直是挣多少花多少。直到前不久，有朋友拿一个不错的项目邀请他一起合作。虽然他心中很看好这个项目，但是想到自己的银行账号上的数字为零，而开始这个项目的最初，是肯定没有收入来源的，他只好忍痛拒绝了朋友。

学会储蓄，就要懂得对自己的日常消费做些规划。

没有钱是万万不能的，但是有很多事情是没有钱也能做的，就不必要一定等到自己有钱了再去做。比如前面那位因工作经常出差到各地的朋友，他就不必要等到有心情、有足够的储蓄再去旅游。他大可在工作之余，好好体验各地风土人情，领略各地不同的风光。旅游是玩的心情，不是玩的钱。这位朋友的想法中有个误区就是一定要有钱，才会有好心情去旅游。

在很多我们并不需要的东西上，我们花费了太多的金钱。虽然生活成本不断地提高，但是把我们的消费情况进行统计我们就能发现：我们的绝大部分的支出是花在那些并不是必需的奢侈物身上。

几年前，张林和他一位朋友一起决定开始健身。决定一下，他就去商店花了三千四百多块钱买了一套室内健身器材。但是只过了一个月后，张林就对这套器材失去了兴趣。现在两年过去了，那套器材除了占用张林租住的房间的一部分空间外，没有起到任何作用。而他的朋友，只是每天在地板上做伏地挺身和仰卧起坐等等这些并不需要器材的健身运动，现在已经拥有一身令他羡慕的肌肉了。

前不久，张林把这套健身器材送给了他新交的女朋友，但是他相信她也不会坚持太久，他只是不想她和自己一样，花钱买一堆自己并不会真正用得着的东西。

钱只有使用才有价值。正是因为这种想法，人们很容易就能产生购物的冲动。每当节假日，我们就可以在大街上看到很多人提着大包小包。能够肯定的是，他们所提的这些物品中，绝大部分并不是他们真正需要的。购买这些物品，多半是出自那种购物的欲望。

女人爱逛街，所以在男人的印象中，女人都是购物狂。其实这是一种误解，女人喜欢逛街是不错，但是真正喜欢付钱买东西的是男人。

和张林那套健身器材一样，很多男人都会因为仅仅想拥有某种物品的愿望而购买东西。如果清理一下你的物品你就会为你的购物习惯感到惊讶。你的衣橱中也和女人一样，多了很多你并不一定爱穿的衣服；抽屉中有四五个牌子，十多种款式的刮胡刀；还有你的鞋子、你的手表等我们称之为奢侈品的东西四处陈列着。

所谓奢侈品，就是那类有也可以，没有也能活下去的物品。女人靠这类东西来提升自己的吸引力，如今男人们也开始步入这个行列，他们开始用这类东西来显示自己的品位和价值了。

这种自欺欺人的购物习惯，多半源于一种对外部世界的盲目跟从。电车上，一位俊男掏出了自己的 iPhon5。本来想打电话给朋友的你摸摸自己口袋中那部才一千多块的诺基亚，犹豫再三，还是没有勇气在身边人的眼光中把它掏出来。于是你开始节省开支，经过一个多月的节俭日子，你口袋里也有了一部最新款的苹果手机。再以后不管是在地铁里或者大街上，你总会装作非常无意地掏出它来，打一个你并不准备打的电话。

一部手机可以带来很大的自信，同样地，很多别的类型的奢侈品，所起到的也是这样的作用。

改变自己的购物习惯，相信很多人的经济状况会迅速地有所改观。

从今天起，改变自己的消费习惯，让自己的生活开始变得简单。

很多时候，那些我们苦苦追寻的东西，离我们真实的需要其实很远。

幸福并不仅仅是有钱才能获得，金钱也不是快乐的唯一标准。

要自由，就得抛开那些物质的攀比，特别是那些仅仅出于虚荣上的攀比。

只要你高兴，“不务正业又何妨”

宋朝皇帝赵佶写得一手好字，他自创的书法“瘦金体”成为书法一绝。但是赵佶却不是一位好皇帝，不会治理国家，最终自己也被金人抓去做了俘虏。赵佶是皇帝，但是他不务正业，落得连自身都保不住，留下千古笑柄。我国古代做皇帝不务正业的大有人在，南唐后主李煜，诗词俱佳，最后却做了亡国之君；明朝的一个皇帝，喜欢做木匠，整天不理国事，在宫中做木匠活计；还有个明朝皇帝爱好经商，他在宫中设立市场，自己卖肉，据说他能够用手一掂就知道肉的重量。

这些个不务正业的皇帝，如果不做皇帝，做他们喜欢的事，每一个都会是那个行业的佼佼者。仔细想来，错的并不是他们的“不务正业”，而是强加给他们的皇帝这个职业。

可惜的是，就算这些皇帝爱好别的事情，皇帝这个职业他们也无法辞掉，所以最终在身后留下千古憾事。

当然，普通人中间，也有很多人做着自己并不喜欢的职业。

所幸的是，现代社会，对职业和爱好的选择有了更多的自由。

一个年轻人，经营着自己的家具店，有着很好的收入。在他三十岁的时候，偶尔听人讲到一个星星的故事。那些天上的星星，进入大气层后，会迅速地坠落。除掉和大气摩擦而燃烧掉的部分外，其余的部分就掉到地上了。

大家都明白了，这些星星其实就是陨石。这个年轻人叫陈家良，听到这个故事后，他突然有了一个想法，他要去寻找这些星星。

当他提出这个想法时，很多人感到不可理解。放下正红火的家具生意不做，去寻找那些就没有多少人见过的所谓“星星”。他的妻子第一个不同意，在劝说他很多次无效后，妻子叫来了所有的亲人和朋友，大家轮流劝说陈家良。但是最后所有的劝说都没有产生效果，陈家良开始准备出发去寻找“星星”了。

由于对陨石一无所知，刚开始的时候，陈家良来到一所大学，找到一位天文学教授，向他请教关于陨石的知识。这位教授很热情地接待了陈家良，和他谈了三个多小时。告别之后，陈家良就开着他刚刚改装来的车踏上了寻找“星星”之路。

对陨石一无所知的陈家良一开始的“寻星”之路并不顺利。刚开始他从电视新闻上看到什么地方有陨石雨就赶往那个地方。但是由于新闻时效方面的原因，往往在他赶到时，陨石已经让当地人先行一步找走了。等他去的时候，只有出钱找人买。因为对陨石并不熟悉，他经常会买到一些近似陨石的石头。拿到南京紫金天文台去检测，结果常常不是陨石。

这时候，反对陈家良当初决定的家人们，慢慢开始接受他喜爱陨石这个事实了。有些时候，当他从外地回到家中时，妻子还会主动地和他一起观看那些他带回来的各种形状、颜色各异的石头。

经过十多年的积累，陈家良收集到了很多块陨石，其中有部分紫金山天文台专家鉴定为真正的陨石。

这几年，随着人们对陨石的认识增加，越来越多的人加入到了陨石收藏的行列。陨石行业竟然成了一个赚钱的行业，陨石的价格已经达到了和黄金等价，堪称“点石为金”。

虽然陈家良当初寻找和搜集陨石只是为了喜爱，但是知道家中的藏品价值不菲时，他也非常高兴。这也算是意外的收获吧！

仔细想想，我们很多人内心深处都有着一个关于“星星”的梦想，但是我们经常没有勇气朝着我们喜欢的目标走过去。这种心理，有些是因为现实的无奈，有些是因为害怕被人嘲笑；还有些人是因为天生的惰性，害怕平稳的生活被打破，害怕改变。

选择怎样的生活是每个人的自由，但是这里，我还是鼓励大家努力去追求自己的梦想。

人的一生并不长，能够给自己去实现梦想的时间也不多。要真正过上有意义的生活，就得注重自己内心的感受，实现自己存在的意义。

“不务正业”其实是基于一种社会上的标准，在这些标准之下，如果大多数人习惯过着怎样的生活，那么另外的人也应该过着同样的生活，否则就是另类，就是“不务正业”。

事实上，许多真正有创造性的东西往往是来自于那些“不务正业”者。正因为他们敢有与众不同的想法，做出与众不同的行为，所以他们能完成一些别人所不能完成的事情。

有位记者去精神病医院采访出来，发现自己的一只汽车轮子上的螺丝被人拧走了。眼看汽车掉了只轮子，无法开走，记者站在那里看着汽车发呆。这时一个精神病人走过来，问记者发生了什么事情。

本来不想理精神病人的记者出于礼貌，说出了自己遇到的难题。精神病人二话不说，拿起扳手，从别的每只轮子上拧下一个螺丝，装在被卸掉的轮子上，这下汽车能开了。

记者惊奇于精神病人的聪明，精神病人不屑地说：“我是疯子，而不是傻子。”

正常的思维往往会让人变傻，让人的智力和潜力得不到充分的发挥。

大多数人正常的想法是，找一份稳定的工作，打工、开店、办工厂等等这类事情中，即便有风险存在，也能为大家所理解。另外一些符合自己的心理和需要的事情，因为常常远离他人的期望，而被视为另类。这种情形下，大多数人的选择是迎合社会的标准而牺牲掉自己的爱好和想法。

那些劝人专注于某一事情者，可以找出无数的例子来证明“不务正业”的坏处，也能找出无数坚持做自己该做的事而获得巨大成功的例子。

但是思考这些例子我们就会发现，所有这类坚持于某一领域的人或者团体中，他们都经历过最初的不让人认可，到成功，到最终成为榜样的过程。

马云开始做阿里巴巴时，电子商务在中国只是开始，在传统的生意人看来，他做电子商务也是属于不务正业。可是随着阿里巴巴越做越大，淘宝、支付宝渐渐为更多人接受，再也没有人说马云是“不务正业”。

每一种创新后面都会有若干近乎叛逆的故事，但是每一个创新成功后都会成为人们所追寻的目标。

成功了，就是创新；失败了，就会成为人们嘲笑的对象。

但是如果你决定了走自己的路，大可不必犹豫于别人的看法。

每个人面对的路，只能是每个人自己去走。旁观者的意见，常常会忽略了当事人内心的感受。

每一条路都会有终点，每一条路边都会遇到不同的风景。选择了，就要去走，不该太在意别人的想法。

试试简单生活

什么是简单生活？做自己想做的事，不要让太多的喧嚣繁杂占据你的生活和心灵。

但是在人们的普遍认识中，简单生活不是这样的。不管说没说出来，在很多人的想法中，简单生活就是有很多钱，能够随心所欲地做自己想要做的事。

凭心而论，有钱确实有很多方便之处，能够购买任何我们想要的东西，能让人享受很多普通人所有的服务。但是在带来这些方便的同时，金钱也给我们带来了很多的不便。

我在广州工作时，有位同事觉得公司租的房子住的人多不方便，就自己在外面租了房子住。不知道出于什么心理，这位同事每天请钟点工帮她去收拾房间。然后对别的同事说，这样她生活简单多了，可以有更多多余的时间去参加各种约会和郊游，可以每天下班就清闲地坐在那里喝茶，在网上聊天。

这就是我们很多人心目中的简单生活，花钱买时间。

其实，简单生活不是这样的，看看我们的生活和我们所生活的环境，我们所住的房子和那些我们所有的时间，我们就能发现，我们的生活中有很多的地方是可以简化的。

对于简单生活者来说，最重要的就是摒弃那些不是我们生活中必需的物质上的东西。另外，那些用钱买来的服务类的事情，如果可能的话，尽量学着自己动手。下面我们就来看看，在我们的生活中，有哪些是可以简化的。

简单生活第一步：从你的起居室做起。

不管是租住的房子，还是属于我们自己的房子，我们大多数人都能在其中找出无数的用不着的杂物。有位北京的朋友抱怨说，他老婆喜欢把以前的旧衣服打包起来，不是扔掉，也不是送人，而是用箱子整整齐齐地装好放起来。这么多年下来，家中装旧衣服的箱子已经有了二十多只，码在一起，快有半个房间了。这位朋友说："北京的房子二万多一个平方，她就用来堆放那些从来不会穿的旧衣服。"

确实，不管从经济的角度，还是生活简单的角度来说，很多类似于旧衣服之类的杂物，保存下来都是不划算的。

站在家中，看看你家具上乱七八糟的摆放的一些物品，你很容易就能辨别出哪些是有用的，哪些是会一直不用的。这些不会使用的物品，大多数就如同鸡肋一样，留之无用，弃之可惜。你现在要做的就是，让它们去它们该去的地方。

什么是该去的地方？送人，卖给旧货店，当垃圾扔掉。总之，让那些不会再用的东西到它们该去的地方。

完成这个任务后，你会发现，你的房间在极短的时间增大了许多。

有了足够的空间后，你就可以开始简单生活的第二步了：减化你的家务时间。

有过收拾房间经历的人都知道，收拾摆设简洁清爽的房间比收拾一间东西扔得到处都是的房间要节省二分之一的时间还不止。在我们扔掉了那些不需要的东西以后，无形中我们已经为自己省出了很多的时间。如果更进一步，我们会发现，我们能从家务中节省更多的时间。

除非你认为做家务是一件很开心的事，否则大多数人都会认为家务会是件累赘的事。除了从家务中节省时间外，我们还可以试着把做家务的时间变成享受家庭生活的时间。

很多人整天忙忙碌碌，没有时间陪伴妻子父母，没有时间教育孩子。家在我们生活中，仿佛成了一个驿站。为什么会这样？大多数人的答案只有一个字——“忙”。至于忙成这样吗，难道每天除了工作，你没有吃饭，没有睡觉吗？

简单生活的原则，就是要把人从这类不知所以的忙碌中解脱出来。去饭店吃饭，推杯换盏间，加上闲聊的时间，相信也会花上两三个小时吧。从今天开始，你尽可以把那些不必要的应酬推掉，尽量地回到家中吃饭。回到家中，你可以边和妻子聊天，边帮她做些家务。也可以花些时间陪孩子游戏，和他谈谈天，免得将来有一天你回到家中，孩子会问妈妈，这位叔叔是谁？

简单生活第三步：不要过分依赖工具。

洗衣机、汽车、割草机……各种各样的现代化的产物充斥着我们的生活。这些物品在给我们带来方便的同时，并没有真正为我们节省太多的时间。

我有个朋友住在城市的中心，那里交通十分方便。在他没有买车之前，他可以选择公交和地铁去任何地方。那时候虽然会有挤车之累，但是基本上他想要去哪里都很少会迟到。后来自己买了车，本来以为以后再也不会受挤车之累了，也能省出更多时间了，结果买车之后，他的时间更紧了。

首先，他如果要去哪里，除了开车在路上的时间外，他最少要多提前两小时出发。城市的堵车太厉害，开车出去，指不定什么时候就被堵在路上了。就算这样，他也曾经因为堵车而好几次迟到。后来每次遇到重要些的事情时，就干脆坐地铁去。

和汽车一样，很多看似能替我们节省时间的工具，在更多时候其实是束缚了我们做事的能力。我有个朋友习惯用手洗衣服，除非是大件的衣物，比如被套床单什么的。问他原因，他说每次把衣服放在洗衣机里时，总是要花时间在那里等着洗好。有好几次因为有别的事情，忘记了取出放在里面的衣服，结果那些衣服就在里面待好几天。后来慢慢地，如果衣服不是很多，他就直接用手洗掉。

类似这类过分依赖工具，而花费更多的时间的例子数不胜数。当然，这并不是说，我们就一定要摒弃现代化的工具，而回到原始的生存状态去。而是要我们不要完全依赖于工具。这里面存在一个生活方式选择的问题，很多人因为有了工具，而会以为任何有关的事情都不必亲自动手。长期下去，生活习惯就会因此而变得懒散和依赖。

小时候曾经看过一本漫画书，书中写的一个高度发达的时代，人们做什么都不需要自己动手，只要按一个按钮就行了。因为自然选择的原因，那时候的人都只剩下一根手指了，其余的手指因为不需要，而退化的没有了。

当然，你对工具的依赖不至于让你身体发生那样大的变化，但是有些变化是显而易见的。比如一些经常坐着的人，会长出大腹便便的肚子，这是肌肉退化了；一些人平常很少走路，偶尔去爬一下山，就会气喘吁吁，明显的是力量和肺活量跟不上。

如果可以，尽可能自己动手做。不要小看这些习惯，它给你带来的好处绝对不会低于你在健身房挥汗如雨。

简单生活第四步：不要让娱乐成为你生活的全部。

毫无疑问，这是一个享乐的时代。这个时代为我们提供了足够多的娱乐的机会。除去花费较多时间的旅游外，我们不离开所居住的城市，就能找到很多娱乐的机会。看电影、参加朋友的派对、听音乐会、去 KTV 唱歌、到夜店狂欢、棋牌室等等。每一项活动都会花费不菲，每一次出去都会花掉很多的时间。

曾经参加各种娱乐活动的人，都会认为这些活动并没有让我们得到真正的享乐。除了经常会让财务上捉襟见肘外，并不会给你真正带来什么。

事实上，我们中的很多人不得不承认，那些真正能给我们带来快乐的感受的事情，大部分都是不需要花费很多钱的。

有一位朋友在毕业时，他的教授对他们一起毕业的同学说，希望大家以后每年能看一两本好书。朋友说，当时他很奇怪导师的这句话，一年看两本书并不是很难的事情啊？但是十几年过去了，他发现他并没能像老师希望的那样，每年看两本书。至于其中的原因，好像是因为忙。但是细想想，自己并没有每天忙到不可开交的地步啊，是什么占据了那些多余的时间呢？

除了娱乐，还是娱乐。每天奔走穿梭于城市中，各种无休止的狂欢，每天进行着相同的事情。我们的心灵离宁静越来越远，离快乐、离我们想做的事情越来越远。

当然，这里不是说大家不要娱乐。如果高兴，如果财务状况和精力都允许，每个人都有权利选择自己想要的生活。但是你在进行一种生活之前，至少得考虑一下，这样的生活是否会对你的人生有着积极的影响。

简单生活第五步：不要让工作占据你的享受时间。

工业革命把人们从以前农业社会悠闲的生活方式中分离出来，很多人成为了工业人。从在学校接受教育开始，人们所做的努力大部分都是为了以后的工作。在学校中，大家学习各种知识，以便毕业后能找到一份好工作。在工厂里，人们努力工作，尽自己的力量创造出更多的物质财富。慢慢地，人们似乎习惯了工作，而忘记了自己来到这个世界上的目的。我们来到这个世界上，不仅仅是为了工作，还有享乐和生活。

一位老板注意到他公司的一位职员很久，他发现，每天下午五点钟的时候，这位员工都会准时地从办公桌前站起来，然后回家。从这位老板三年前开始注意到这件事开始，从来没有例外的情形出现。这位老板相信，这位员工一定是一位优秀的职员。能够每天在上班的时间完成自己该做的工作，能够每天准时回到家中陪伴自己家人的男人，没有理由不是一位好员工。

工作就应该是这样：规定好自己的工作时间，并在这些时间内，安排好自己该做的事。

事实上，很多人经常加班，并不是因为他们的工作真正繁重到不能完成。他们经常加班的原因，多数是因为他们时间上安排得不得当，或者工作效率不够高。

有段时间，那些热衷于用个人的时间来为公司服务的人受到赞赏。对这些进行表扬的人认为，喜欢加班的人，至少是牺牲了属于个人的时间和享乐来工作。但是事情真的是这样吗？仔细观察我们就会发现，在工作中常有这样的情形：做着相同工作的一些人，其中一部分能够按时完成任务；而另外一部分人，则常常不得不依靠加班或者别人帮忙来完成工作。

这种现象说明，经常加班的人不能按时完成工作有两个原因：一是个人能力不足，另一个是他有意要延长工作时间（比如为了加班费）。

当然，也有很多人是自由职业者，并没有人二十四小时盯着他做事，他的工作报酬也不是按照工作时间来计算的。这类人更需要为自己设定一个工作计划和时间表，因为他们的工作需要更多的自主性。

无论如何，减少工作时间，增加那些属于个人的时间，对于你过上一种真正的，属于自己的生活都是十分有效的。

快乐的原因

很多人在对某种事情过于渴求时，就会在内心深处视目标的达成为一种幸福。这也就让我们很多人在心理上形成了一种共识：有钱就代表着快乐和幸福，因为没有人不渴望拥有金钱，过上富有的生活几乎成了大多数人的人生梦想。于是人们就想当然地认为，有钱人一定是幸福的，因为这是大多数人向往的生活。

一些学者在杂志和书上言词凿凿地说，有钱人过得并不快乐。他们甚至还能找出一些小故事来作为证据，比如某个富人因为钱太多，担心让人偷走，所以不快乐。再比如某个人因为过度追求财富，太过贪心，身心俱疲，最终遇上了不好的事情。

这些故事并不能真正说明有钱人不快乐。担心钱多让人偷走不快乐的人，不快乐是因为他太过担心，不是因为他钱太多。有这种性格的人，没有钱也一样会不快乐。过度追求财富的人，并不一定遇到的就是不好的事，他也许最终会成功。

既然这些理由都不能成为有钱人不快乐的原因，于是又有人推出了心理满足度这个理论。在这个理论下，当月收入在一万元以下时，财富值每增高一点，幸福感就会增加一点。而月收入过了一万元以后，幸福感就不会随着财富的增加而增加了。

这第二种理论依然不能让我们信服。首先，每个地方的消费水平差异很大，农村和城市，内地和沿海，一线城市和内地城市各不相同，那么我们是用什么来得出幸福感的最高值是一万元左右？还有，就是说财富值到达一定标准后，幸福感并不会增加这个结论是怎样得来的？我相信，不会有多少人会认真地去对待“你幸福吗？”这类让人无所适从的问题，有钱人也不例外。

这样说，有钱人是不是就一定不快乐呢？

这是一个很难回答的问题。在这个问题中，人最先被分成了两类人，有钱人和穷人。然后这个问题给了人们一个心理上的暗示，如果穷人是这样的，那么有钱人就一定是站在事物的另一面。

事实上不是这样的，有钱人有他们的快乐，也会有他们的烦恼，穷人同样如此。

说有钱人过着不快乐的生活，远不如穷人潇洒自在的理论的人，来自于一种吃不到葡萄说葡萄酸的心理。毕竟这世界上穷人远多于有钱人，为了让大多数人安于贫穷，或者说安于现状，于是就有了所谓的金钱和幸福快乐不相干的理论。

对于贫穷者来说，能够拥有很多的财富肯定是一件快乐的事。当然，对于有钱人来说，他们也明白他们的富足生活，来源于他们拥有的财富。虽然有钱人也会有着各种的不快乐，但是他们的不快乐不会来自生活上的拮据。

身为一个富人，你可能会更快乐，也可能会有更多烦恼。如果你想要快乐和幸福，根本的原因应该不在你是否拥有太多的金钱上面。诚然，拥有足够的金钱可以让我们获得更多我们想要的东西，可以让我们的生活更加优渥，但这只是我们快乐的原因之一，而不是唯一的原因。

假如你富有，那么祝福你可以免去贫穷的烦恼。但是如果你只是一个没有多少钱的普通人，这也不应该成为你痛苦的根源。除了财富带来的快乐之外，你还有更多的方法可以让自己生活的更幸福。

那些把金钱当作快乐和幸福的唯一标准的人，显然犯了一个根本上的错误。金钱是我们生活中很重要的东西，但不是唯一重要的东西。

你是一个身体健康的人，我们可以做一个这样的假设，如果有一个人，肯花十万元买你的双手，你会不会同意？正常的说法是不会。我们再假设有人肯花十万元买你的双眼，你会不会同意？答案也应该是否定的。依此类推下来，我们的整个身体如果用金钱来计算，应该是无价的了。

这种无价，也表明了我们个人的独一无二和重要性。在很大程度上，这种独一无二是无法用金钱来估算的。

和我们无法选择自己的出身一样，生活中有很多事情是我们无法选择的。我们唯一能做的，是在我们可以控制范围内，做到最好。

不管你是穷人还是富人，也不管你生活的无忧无虑还是快乐无比，尽你自己的努力，做到你能做到的最好，你就是一个幸福的人。

第七章

做好生命中最重要的

也许有些事情我们努力去做，真的能够变得更好。但是我们有没有想过，在这些追求完美的过程中，我们会不会失去更多？

最紧急的和最重要的

事情那么多，每一件都这么急，天呐，真希望自己能长出三头六臂！

人们都遇到过这样的情形，仿佛所有的事情都在那排队等着你去完成它们，老板或者是客户不停地催促。如果你恰巧是一个孩子刚刚一岁多的妈妈，星期天想把公司没有完成的事带些回家做，事情往往就会更糟。你好不容易把孩子哄得平静下来，把他放在小床上，自己在电脑前坐下，突然想起厨房里面煲的汤。当你冲进厨房时，这边的孩子突然又不知道为什么大哭起来。来不及等你做出反应，就听到“砰”的一声。你飞奔过去，发现是孩子爬到他的小床的栏杆边上，结果床翻了。顾不上整理乱成一团的房间，你得先哄好孩子。自然，那些别的事情现在全都抛在了脑后。

为什么这个时候你先想到的是要抱起孩子，而不是公司的那些不能完成的事情？

你也许会说，孩子更重要，其他的事情和孩子比起来，都显得不足挂齿。

错，孩子是重要，但是你在这个时候选择抱起孩子，是因为他正在哭泣。他的哭声让你无法工作，而做母亲的天性也让你无法安静地面对自己的孩子哭着而无动于衷。

我们在选择做什么事情不做什么事情时，常常会选择那些紧急的而不可能拖延的去做。因为别的事情再重要，至少暂时能放一放。

一位朋友发现最近经常咳嗽，他去看医生，说是气管炎。开了些药，回来继续上班，气管炎是小毛病，很多人都会不以为然。但是吃了药没有效，回来依然咳，再请假去医院，这次医生说要打点滴。那就打吧，打完了还得回去做事，公司还有一大摊事情等着呢。

一直咳，一直找医生，但是总不见好。没事，气管炎是这样的，很难治好。咳久了胸口也会疼，而且经常咳得难以入睡，看来得去找医生好好检查检查了，但是公司刚刚开始一个新项目。找场地，找供货商，和客户谈判，各种事情都等着呢，走不开。

后来终于咳得受不了，去医院检查，肺癌晚期。赶紧去医院住下，现在也不记得那些工作上的重要事情了，可是病也没法治好了。

这就是重要和紧急的关系，那些对我们来说，真正至关重要的事情，往往会被忽视。我们总是把那些紧急的事情放在前面，而忘记那些真正重要的事情。等到重要的事情变成紧急的事情时，我们才会想起它们。但是当紧急的事情变成重要的事情的时候，往往是事情很难逆转之时。

我们生活的意义究竟是什么？很少有人会想到这个问题，就算偶尔有人提出，也会让人嗤之以鼻。幼稚，这类的问题值得拿出来问吗？生活的意义就是活着，过好每一天。通俗点说，就是做一天和尚撞一天钟。

生活的意义真的是这样吗？

太忙乱不是因为真的有那么多紧急的事情等着，很多时候，是人为的制造着忙碌与混乱。

我们制造那么多的忙乱，我们在上下班的交通高峰时期拼命地开着车往前冲，全然没有想到可能遇到的危险。我们把所有的事情加速，在排队买票时我们总是希望自己能尽量靠前。就连上火车和登飞机时，我们也希望自己能快别人一步坐下，虽然我们明知道火车会准时开，飞机会准时起飞。

大多数人都认为忙碌与混乱是因为事情太多和时间太紧迫，却没有想过是不是我们自己本身制造了这些忙碌。我们不停地给自己制造压力，拼命地加快我们前行的速度，却没有想到前面是什么等着我们。

快有什么不好吗？奥运的标准不是“更快、更高、更强”吗？如果我们比别人慢，那不是意味着我们将会落后于别人？

把快和慢作为一种成败的标准，让我们在所有的事情上都追求更快。不错，在体育场上，跑得最快者会是胜利者，但是在生活中，快并不代表就一定能成功。更多时候，恰到好处，才是成功的最主要因素。

这个时代太过纷繁复杂，各种信息让人应接不暇。有人说，不努力行吗，稍微一落后，就会被时代抛在后面。

确实，社会进步的速度远远地高过了我们进步的速度。但是一个人，怎样才能让自己的脚步永不停息？只有一个办法，那就是放慢自己的脚步，调整自己的节奏。既然不能在所有的事情上面都做到完美，可以选择只做好某一件事。你选择的这件事情，对你来说，就是最重要的。

除去一些特别的因素，我们每个人拥有供自己使用的时间大致是差不多的。假设两个拥有相同起点的人，他们个人的能力大致相同，所得到的外界帮助也差不多，让这两个人同时开始某一项事业，若干年后我们会发现，最后两个人所取得的成就会差异很大。

为什么相同的起点，得到的却是不同的结果？这中间除了很多偶然的因素之外，主要原因就在于两个人对时间的使用方法上。

不可否认的是，那些目的明确，知道怎样合理使用时间的人，常常会取得一些更大的成就。

所以，在你起步之前，找出什么是重要的事情，这对你至关重要。对自己想要达成的目标和达成这个目标所要做的事情能知道的越清楚，你的努力就越能产生效率，取得的成就就越大。

能够取得很大成就的人，不是那些最聪明的人，也不是那些能力最强，能够同时做很多事情的人，而是那些能够专注于某些事情，有着明确的目标的人。

大约只有百分之一的人有着明确的人生目标，并且头脑中有着实现这些目标的清晰的计划。同那些相同能力相同起点外在因素全部相同的人相比，这类人有着更强的竞争力，他们最后取得的成就常常会比没有目标的人强很多倍。

确定你想要的东西，知道什么对你是重要的，你就能合理地安排自己的时间，你所拥有的时间也就更加充裕。很多无所事事的消耗时光的人会感叹时间不够用，这是因为，他们并不知道自己到底要做什么。他们的时间大多数都在等待、观望和寻找，至于是在等待和寻找什么，他们自己也不清楚。

“在开始攀登成功之梯时，首先要确定这部梯子放对了地方。”一个伟人说。

仔细思考一下我们的活动就能发现，我们每天所做的事情中，真正是必不可少的，只占了我们工作时间中很少的部分。

明确的目标和清楚地知道目标对你的重要性，能够对你个人行为的控制能力产生很好的影响。它们能够更加容易地唤醒你内心深处的创造力和激发你身体所蕴藏的能量。

知道什么对你是重要的事情，并把它们放在紧急的事情之列。这样做可以避免你因为习惯性的拖延而把重要的事情放在最后去做。很多人都有这样一个习惯，那些重要的事情，常常会放到后面去做。因为在他们的潜意识中，完成这些事情，必须要有很多事先的准备，或者一些重要的仪式。

事实上，除了一些早期的准备工作外，大多数重要的工作和别的工作在行为上并没有多少区别。而且仔细想想我们所做的事情就会发现这样一件有趣的事情：重要的事情往往会花费更少的时间，那些花费我们更多时间去完成的事情，往往是无足轻重的。

这样说是不是表示那些不重要的事情就可以不去做？不是这样的，很多事情虽然并不重要，但是它们仍然是我们生活的组成部分，是我们整个完整人生中必不可少的部分。我们所要做的只是找出那些对我们真正重要的事情，然后把更多的时间花在它们上面。

我们会觉得有些时候选择比努力重要，就是因为这个道理。选择对了，结果才对；如果选择错了，那么再多的努力也等于零。

走出“24小时社会”

“24小时社会”，最早出现在西方发达国家，意指现代都市生活24小时不停地运转着。“24小时改变你的人生”，“24小时低碳生活”，“24小时便利店”，“如何让员工24小时工作”……社会飞速地发展，各种有关“24小时”的生活方式充斥了各种媒体。从前朝九晚五的8小时生活方式一夜之间仿佛变得完全不合时宜了。现代社会已经开始彻底颠覆我们千百年来形成的生活习惯了，人们不再是“日出而作，日落而息”。每个人都日以继夜地穿梭在都市的各个角落里，人们开始习惯都市的整晚不熄的灯光，和整夜在街道上川流不息的汽车声。人们的时间观不再是以白天和夜晚来划分。24小时都要工作，24小时都要娱乐。

跟随社会的变化，城市中众多的政府部门和公共单位也开始转变：政府部门24小时安排值班人员，停车场24小时向公众开放，电视台24小时播放节目，人们24小时休闲，工作起来24小时不停歇，游戏起来24小时不下机……

世界的全球化更对24小时社会推波助澜。据报载：有家美国公司整体搬到了上海，由于不能适应上海的时差和配合美国本土的工作时间，全公司员工白天睡觉，晚上做事。

不光是这家美国公司，很多一直生活在一个城市中的人也开始习惯了没有明确的白天和黑夜的界限的生活方式。常常是到了夜晚十二点才收拾整齐，开始一天的生活。晚上起床去图书馆看书，到运动场去打球，去茶座和朋友约会……24小时都可以做事。有些人工作时，有些人在睡觉；一些人在吃晚餐时，另一些人则刚刚从床上爬起来欣赏西下的落日。

有些人选择24小时生活是因为工作需要，也有些人是因为这种生活更为方便。在潜意识中，24小时生活仿佛就是把生活的时间由过去的12小时扩大了一倍，但是实质上，我们的生命并没有因为24小时社会而延长。

24小时社会是一种社会文明发展到一定阶段的产物。首先是电力的普及，如果没有光明，相信没有多少人有能力和兴趣在漆黑的夜里去工作和生活；然后是工业化浪潮的高度普及，普及的制造业需要提高场地和设备的利用率，也需要生产更多的产品来供应市场，这就产生了24小时需要上班的工人；再就是服务业和城市化的普及，有了24小时工作的工人，就产生了为这些24小时上班的工人提供各种服务的群体，城市化的普及为人们彻夜不眠提供了各种生活上的方便。

24小时社会颠覆了人们传统的生活方式，在漫长的人类社会中，大家习惯了日出而作，日落而息，在那个时候，人类的光明主要靠太阳来提供，到了晚上，黑暗笼罩大地的时候，人类的很多活动就要自然地终止。

那么24小时社会给我们带来的是什么呢？

24小时社会下，变化最多的是服务业。在全球化背景下，越来越多的服务业开始进入24小时营业的行列。调查显示，由于晚上就餐和消费的人越来越多，在意大利有超过半数的超市24小时营业；而中国和日本，24小时营业的便利店密度分别为全球第一、第二名。

在中国的东南部和北方的一些大的商业城市，人们发现，24小时的便利店越来越多。看着更多的商店在晚上亮起彻夜不熄的灯光，不禁让人暗暗猜想，是不是中国人特别勤劳，还是中国人喜欢熬夜？

事实上，不只在中国，24小时的生活方式已经在全球蔓延开来，这种新的生活方式带来的冲击，已经让越来越多的人开始关注这个问题。

除了24小时便利店的增多，24小时生活方式对人们生活最大的影响就是睡眠习惯的改变。据国际权威调查机构所做的调查统计，经常晚上不睡的前10个地区，有7个在亚洲、3个在地中海地区。排第一名的是葡萄牙，有75%的网友超过晚上12点睡觉；排第二的是中国台湾地区，69%的网友12点以后睡觉；第三是韩国，第四是中国香港，分别有68%、66%的网民晚上12点还不睡。

亚洲地区的人们一直以勤劳闻名，欧洲地中海地区的人则有午睡的习惯，他们中的很多人是在午睡之后午餐，而晚餐会到晚上进行，等用完晚餐已经是深夜，这些生活习惯导致这个地区的人们晚上睡觉一直很晚。还有个原因就是随着24小时生活的普及，紧随其后的24小时类服务也越来越多，现代社会中的很大一部分娱乐活动也放在了夜间，加上网络社会本来就没有明显的白天和黑夜之分，这些显然都是晚睡觉的人增多的原因。

类似的调查还显示，在晚睡觉的人群中，年轻人更多，亚洲区的人多于欧美区的。24小时生活的开始，并不是近几年突然发展起来的，早在半个多世纪之前，人们的生活习惯就开始呈现延长时间的趋势。美国南方冰块公司旗下的7－11店的店名在1946年之前是Tote’m。之所以改名为7－11就是为了在那时宣传商店的营业时间从早上7点延长到晚上11点。当时7－11公司指出，随着人口结构、人们生活习惯的改变，导致人们的消费的时间开始延长到传统营业时间之外。随后，越来越多的零售商开始效仿7－11延长营业时间。到了1962年，得州首府奥斯汀的一家大学校园举办了大型足球赛，晚上很多观众去附近的一家7－11店消费，让店员忙碌得根本没有机会关门。于是，这家分店开始决定实行24小时营业。到了第二年，拉斯维加斯分店也进入了24小时营业的行列。现在，全球大多数的7－11店都是24小时营业。

传统的作息时间被24小时社会彻底地打破，越来越多的人的工作延续到深夜，有些人甚至是整晚地工作，直到第二天清晨，这种现象造成了大量的夜间消费者。

英国的研究机构也观察到了这种现象，英国的未来基金会（Future Foundation）指出，大约有1/7的英国人在夜间消费，预计这个数字在未来会增加到1/4。未来基金会在调查报告中预测：由于工作时间的改变和延长，再加上收入的增加，人们花在家务上的时间会越来越少。同时，人们在外出用餐、旅游、看电影、进酒吧和俱乐部等这些方面消磨时间的机会将更多。

24小时生活延长了人们的生活时间，为工厂提高了效益，也为零售业带来了更多的销售收入。但是另一方面，有越来越多的人担心24小时社会将给生活带来负面影响，调查显示，有3/5的人认为24小时社会人们的生活压力会更大，人们认为，传统的朝九晚五社会已经被彻底地打乱，取而代之的是24小时的工作制度、实时的服务、网络文化，还有全球化的时间概念。

在欧美这些率先进入24小时生活的地区，人们一边兴奋地享受着24小时生活所带来的方便，一边却又担心着24小时生活会破坏掉以往安宁平静的生活。

在很多地区，人们认为，虽然24小时营业为大家带来便利，但也带来很大的负面影响。当沃尔玛商场决定进入底特律的小城LIVONIA时，遭到那里的居民的投票反对，理由是会增加噪音、交通混乱和犯罪率。同样，英国最大的连锁超市易购（Tesco）在苏格兰地区也遇上了几千居民请愿反对，理由是影响环境、阻塞交通，让本地的小型商店关门。同时，24小时商店对空气质量的影响也引起人们的注意，很多人认为，24小时商店的二氧化碳排放量是传统的商店的两倍以上。

除了反对24小时商店之外，研究者们还发现，24小时社会对健康会产生不好的影响。这类影响最多的表现在严重的失眠、肠胃病、心血管疾病。更有甚者，24小时的生活方式会影响人们的社交能力，让人们出现社交障碍等方面的问题。

24小时生活对健康的影响最多的表现在失眠症方面。都市像一台24小时不停运转的机器，人们在里面不停歇地奔波着，长时间的日夜颠倒的生活，让人们的生物钟彻底紊乱了。由于实行24小时工作制，现在都市中的很多人都是实行轮班制，许多人的工作时间常年是倒班的；还有些人耽于玩乐，经常通宵不睡。这种种的原因打乱了人体本身的生物规律，从而导致失眠，而失眠又会引起精神不振、心情烦躁、头晕无力；白天也会昏昏欲睡等种种情形。失眠除了让人精神不振外，还会影响大脑功能，引发冠心病，引起高血压，让人过早衰老，降低机体免疫力，导致性功能障碍等等对人不好的影响。

除了引发失眠和各种疾病外，24小时生活对家庭生活也会产生很大的影响。上班和休息时间与家人的不合，经常家里人休息了，你要赶去上班；等你回到家中，房子里空荡荡的，家人早已离家去上班或者学校。很多轮班族都发现，在排班时，同事之间总会引发一些争执，大家都希望能获得在节假日休息的机会，因为节假日能够和家人在一起。这甚至成了引发同事间矛盾的原因之一。

生活在现代社会中，很多人无法避开24小时生活方式，但是你可以想法调整自己的生活习惯，尽量地离24小时生活远一些。

远离24小时生活，得保持生活的规律性。有些人经常会上夜班，或者工作时间在夜晚，为了生物钟的正常运转，就得合理安排作息时间，尽量让作息时间保持规律性，这样可以避免失眠，能够有充足的睡眠。

远离不良的生活习惯，抽烟喝酒，喝浓茶、咖啡，爱逛夜店，晚上不睡早晨不起，经常在电视机旁边一直坐着，打麻将等等这类的活动，都会对身体产生不良的影响。现代社会中，这类的诱惑远较传统社会要多，很多不良的习惯很容易养成，但是要戒掉就非常难。

最好不要服用安眠类的药物。安眠类的药物虽然可以暂时让你进入睡眠，但是长时间使用会产生依赖性。

也许没人可以完全逃离24小时生活，但是我们能尽量选择一种我们愿意，更适合我们的生活方式。

曾有人试验过“无电生活”，关掉手机，远离电视，在远离城市喧嚣的地方，试着过一种原始的生活。虽然这种生活多数只能是一种短暂的尝试，但是它最少是向这个社会表明：现代生活让我们过于疲倦，我们希望能得到片刻的安宁。

那些曾经的田园诗般的生活哪里去了，曾经的青山绿水哪里去了？

现在我们宅在家里就能看到全世界，如果科技一直向前发展，是否有一天，我们不再需要出去旅游，不再需要亲身去体验这个世界？只是待在家中就能体验所有近似自然的东西？

想起曾经看过的一个童话，科技发展到了一个时候，人类已经退化到只用思考就行了，慢慢地，连思考也不用了，因为电脑已经能代替人为思考了。

如果真有这个时候，那该是科学的骄傲，还是科学的悲哀呢？

不完美又如何

常常听到有人这样说话，“我是一个追求完美的人，任何事情，不做则已，如果要做，我一定要做到最好！”

真的能够这样吗？怎样做才能算是完美，怎样做才能算是做到最好呢？

每个人都明白，不管我们怎样努力，甚至加上最好的运气，也不一定能让事情真正达到最好。

当然，我们尊重那些事事追求完美，力图让所有的事情做到最好的人，但是我并不认为那种对完美生活的追求就一定是对的。

一位医学教授最近离开了人世，原因是他在个人生活方面太过追求完美。因为职业的原因，他对卫生要求特别高，家里所有的家具必须是一尘不染；所有的蔬菜在下锅之前必须用水清洗七次以上；房间经常需要消毒，如果刚好有客人来过，那么所有的地方必须消毒一次……因为他的专业原因，他清楚地知道各种病毒是怎样侵入人体的，也知道那些不好的卫生习惯会带来怎样大的危害。

后来这位教授发现他自己所食用的大多数日常食物都不能达到他所制定的食物标准，（请注意，是他自己制定的标准，而不是食品安全委员会制定的标准）于是他开始拒绝进食，除非找到他自己检测合格，或者他认为合格的食物，否则他是绝对不肯吃东西的。

后来，这位医学院教授离开了人世。当然，他不是饿死的，但是他的确是死于自己对生活方面过于苛刻的追求完美上面。

同这位教授一样，很多人在追求完美上面都带着一些近乎偏执的想法。

韩国是整容之国，据说有近百分之八十的首尔年轻人接受过至少一次的整容手术。这种应该算是追求外表的完美吧？

看金庸小说，常常看到那些侠义之人，为了不伤害无辜而不敢轻用自己的武功，即便有盖世神功，也任人宰割，任由坏人作恶。这种应该为追求道德上的完美。

中国有句古话："水至清则无鱼，人至察则无徒。"对完美的过分追求，常常让人不自觉地多了一份偏执，少了一份宽容。不管于人于己，都会成为一种束缚。

释迦牟尼舍身饲鹰，耶稣被钉上十字架，柳下惠坐怀不乱。不管是道德上的完美，还是信仰上的完美，都是我等普通人所不能企及的，这每一种完美都达到了凡人所不能及的境界。这也是释迦牟尼之所以是佛，耶稣之所以是神，柳下惠只存在于传说中的原因。

为什么所说的和所做的常常会不一样？并不是因为当初的承诺本身就是谎言，而是世事变迁，很多时候身不由己。做人如此，做事也是如此。

不完美，又如何？少了一份完美，就多了一份包容之心，就能够体谅那些身不由己的存在，能够真诚地面对不如意的事情发生。

不管对待别人还是对待自己，都应该明白很多事情是不可改变的。原谅那些能够原谅的，接受那些不可改变的，放下那些应该放下的。心灵会更自由，也能飞得更高，看得更远。

也许有些事情我们努力去做，真的能够变得更好，但是我们有没有想过，在这些追求完美的过程中，我们会不会失去更多？

不漂亮，我依然可以活出我自己。也许我很多方面不如别人，可是我的存在自有我存在的理由。一味地追求完美，能让人学会模仿，但是绝不会让人学会独创。

歌坛天后孙燕姿初出道时，和她签约的唱片公司并不看好她，理由是“外貌不够漂亮”。但是后来孙燕姿成名了，是凭她自己的努力，也是用她原来的本色示人。假如孙燕姿当初按照唱片公司的想法，去做一个整形手术，修改一下脸型，整理一下眼角，也许她就成了一个标准化的大众美人。不过，歌坛就会少了一个有个性的天后。

在一档舞蹈比赛的电视节目中，一位参赛选手说：“我一直都是老师眼中的笨学生，在老师眼中，我没有任何的前途。老师只喜欢那些长相完美，有着明星相的学生。老师常常说我长着一张不完美的脸，还学什么舞蹈，趁早去学别的算了。我今天到这里来，就是想问问评委老师们，我是不是真的那样差？”

一位评委老师这么对那位选手说：“你长得很漂亮，你舞也跳得好，你老师说的是错的，他不如你，他是忌妒你，所以说你不完美。你只要一路走下去，做好你自己，就是最完美的。”

为这位评委老师鼓掌。完美没有标准，完美只是做好你自己。

一位街头舞蹈者在街头表演，很多人围着观看。有人喝彩，也有人摇摇头转身离开。不管旁人怎样反应，他依然汗流满面，活力四射地跳动着。

一个女孩在公园里练声，即便不懂得声乐的人也能听出她的声音并不完美，但是这位女孩热情不减，每天仍然风雨无阻。

一位孩童在纸上学画，笔法稚嫩，所画的东西到底是什么，也没有人能看得出来，但是他仍然画得很认真。

不完美，又如何？即便我们不能做到最好，但是我们起码能成为我们自己。做自己想做的事，做一个快乐的不完美者，做一个自由自在的自己。

因为迷茫，所以叫人生

如果有了很多钱，我就可以做任何我想做的事情。

我可以去旅游，可以去世界上任何一个我想去的地方；我是一个音乐爱好者，我可以拥有世界上最好的录音棚，那样我就能制作出传世的不朽的歌曲；我的愿望是做一个导演，如果有了钱，我就能制作出超越好莱坞大片的电影；我想做一个教育家，我需要钱办一所世界一流的大学……种种的愿望都需要钱来实现，每一个愿望仿佛都是以金钱为基础才能成为现实。

不管是资本主义者还是共产主义者都承认，经济基础决定上层建筑。不仅如此，经济基础还决定了所有人的人生。在这种情形之下，人们的行为围绕着金钱来进行，金钱仿佛成了无所不能的上帝。

但是有了钱真的能够拥有一切吗？

仅仅是有钱就能去任何地方探险吗？能够到达那些地球上人迹无法到达的地方吗？音乐制作者真的仅仅凭着有钱就能创作出

传世之曲吗？导演真的有钱就能制作出一流的电影吗？世界一流的大学难道真的是用金钱来堆砌而成的吗？

探险除了必要的装备外，更需要的是面对大自然的勇气和那种百折不挠的精神。有钱也许能买来世界上最豪华的游艇，能买到世界末日时登上诺亚方舟的船票，但是肯定买不来挑战生命极限的探险所给人带来的快感。

有钱当然能买来世界上最好的录音棚，能买来一流乐队，一流的指挥。但是真正的音乐来自灵感，需要灵魂深处的震荡。而这些，并不是有钱就能买得到。

电影《泰坦尼克号》风靡全球时，国内某位导演曾经说，给我一亿美元，我也能拍出《泰坦尼克号》这样的好电影。有人嘲笑说，也许这位导演想的是，用一千万美元制作一艘大船，用四千万美元请来演员，五千万装进自己的口袋，然后电影就拍成了。也许这位导演真实的想法是把全部的一亿美元都花在影片拍摄上。但是有钱就能拍出任何好电影，对于电影界来说，好像仍然是个遥不可及的梦想。

至于那些说有钱就能办成世界一流大学的人，我想他们心中的一流大学应该是和银行差不多的地方吧？

没有钱是万万不能的确实是个真理，但是钱却真的也不是万能的。

金钱能给人带来物质上的满足，能给那些身处贫穷的人们带来希望，但是它并不是衡量一个人是否幸福和快乐的唯一标准。

很显然，如果告诉一个苦苦追求金钱、视赚到更多的钱为人生唯一乐事的人金钱并不重要，他会对这个说法嗤之以鼻。我这里也并没有想要否定金钱的意义。我们大家都明白，这是一个物质的社会，金钱决定了我们大多数人的行为。

阿尔文·托夫勒在《第三次浪潮》中写道："今天，全世界已经迅速地认识到，进步不能再用科技或者物质标准来衡量，一个在道德、美术、政治、环境各方面均呈现退化情形的社会，并不是进步的社会，不论人们多富有、科技多么领先。总之，我们心中对进步的定义比以前更为广大，进步不再是机械化的成就，也不再是物质的衡量标准。"

是的，物质和金钱不是衡量一个社会是否进步的标准，同样的，物质和金钱也不是衡量一个人的人生是否完善、他作为个人是否成功的标准。

不管社会还是个人，就如同一棵生长的大树，会有着无数枝桠，每一个枝桠、每一片叶子，都有着它们自己的位置，自己的作用。可以肯定的是，金钱在我们的生活中占着重要的位置，但绝对不是唯一重要的东西。

用金钱作为衡量我们人生的唯一标准是一种错误的想法，这种错误的危害不仅仅在于会让我们在对金钱的过度追求中犯下这样那样的错误，而且还会把我们的人生追求导向一个错误的方向。

当人的所有行为都围绕金钱而进行时，他就会把所有的注意力全放在金钱这上面，视赚钱为唯一的乐趣，在他的生活中看不到别的任何快乐。

视钱如命的葛朗台是小说中的人物，是虚构的，但是仍然能在生活中找出种种相似的影子来。明朝有一个皇帝，他不理朝政，唯一的爱好就是收集金钱。自古以来，荒淫无道的皇帝很多，但是从来没有一位皇帝向这位这样贪财。你想想啊，他是皇帝，集所有权力于一身，想要贪钱那还不容易？这位皇帝库房中的金钱堆积如山，但是他仍然是贪得无厌。不但贪钱，他还小气，他贪的钱全部库藏起来，不肯拿出来用。边关告急，朝廷拿不出来钱派兵出征，兵部没办法，求救到这位皇帝面前，最后他才拿出一些铜钱来，全是黄锈斑斑，连拴钱的绳子都腐朽不能用了。

很多人说，不追求金钱行吗？房子要钱，车要钱，养家糊口要钱，买漂亮的衣服要钱，家具要钱，没有钱怎么可能在这世界上生存？

是的，金钱能为我们带来几乎是所有的物质享受，但是，它在很多方面，给我们的限制也更多。

一对青年男女想要结婚，钱貌似不够。那么婚期往后推一推吧，就这样一拖再拖，结果最后竟然弄得不欢而散。全不顾当初两人是经过多少曲折才到一起，也忘记了当初的海誓山盟。

这只是无数的在金钱的限制下改变我们生活的例子中的一例。几乎我们所有的人，都被金钱限制着我们的行为。它就像一根长在我们身体上的绳子，密不可分地束缚着我们的一切。

没有人想过要摆脱它，也没有人有能力能够摆脱它。在这种束缚下，我们做着一些并不是我们所期望的事情，待在一些我们并不想待的地方，面对着一些我们并不想面对的人。

在这种束缚下，无论你的内心有多么美好的愿望，都不能顺利地实现，直至最后慢慢地消逝。

如果，你现在还能有些属于你自己的想法，有一些自由的冲动，那么不妨现在开始，努力地找出它们，并且一点点去实现它。

第八章 给自己一些多余的时间

我们常常会在不知不觉中陷入一种忙碌的怪圈之中，我们忙碌，但是总觉得无所事事；我们忙碌，但是找不到自己忙碌的价值；忙忙碌碌的一路走来，结果我们发现我们后面什么也没留下。

时间陷阱

如果可能，我想做一名足球明星，在绿茵场上奔跑，让周围观众的欢呼声在我耳边震响；如果可能，我也想做一名歌手，在无数粉丝伸出的手臂中高声歌唱；如果可能，我还想做一名建筑师，设计出世界上最宏伟壮丽的建筑；如果可能，我想去西腊、埃及、巴西，去世界上的每个地方；如果可能……我有很多的愿望和理想，也许每个人的内心都有着一些同样的愿望，但是我们每个人都只能做我们自己。

没有人能经历所有的人生，尽可能丰富的人生也只是一种人生。即使你有足够的天赋和能力，能够胜任世上所有的事情，但是可以肯定的是，你绝对没有足够的精力和时间来完成它们。

无尽的想法充斥着我们的大脑，各种各样的决定需要我们去选择。有人说，人生就是一道选择题，你只要知道了去做什么，其余的都不成问题。还有人说，选择对了，一切都对，选择错了，所有的努力都白费。

为什么人生是一道选择题？主要是因为我们的时间是有限的，要用有限的时间去完成一些事情，必定要有所取舍。

你在做什么？今天你能做什么？看一本书，进行一场旅行，追求一个仰慕的姑娘，拿到飞行员资格证书……所有的事情都可以存在于你的想象之中，而所有的事情都需要时间去完成。

生活中经常会有这样的事情发生：我们在很短的时间内所做出的决定可能穷尽我们一生也不一定能够完成。不是因为我们在决定做这件事情的时候不够真诚，也不是因为我们没有勇气去完成它们，而是因为时间太少，现实中我们所能够完成的事情远远地低于我们想象中所能完成的事情。

有一种理论说，人的潜能是无限的，很多事情只要你能想到就能做到。但是事实上是这样吗？除去那些需要超人般的体能和智慧还有意志的事情，就是很多普普通通的事情，我们未必也可能想到就做到。

半年前就给孩子许诺，等她生日时带她去海洋馆看鲨鱼。当时计划是，到时就算有天大的事情，也一定要抽出时间陪孩子一天。可是到了孩子生日那天，你却远在两千多里之外的另外一个城市，而且那天要见好几个客户。后来你对孩子解释：爸爸有很多事情要做，爸爸忙，所以没有时间陪你，以后有时间爸爸一定好好陪你。

我们真的有那么重要的事，有那么忙吗？忙到没有时间去陪亲人，忙到没有时间去做任何我们想做的事情？

很多人说，我也不明白为什么那么多的事情等着去做，仔细想想，好像并没有什么事情那么重要，但是却每件事都要去做，每件事都要花费很多时间去奔走。我们有太多的事情要处理，但是我们却只有很少很少的时间。

如果你试图减轻自己的压力，把一些事情放到明天去做，等到了明天你就会发现明天要处理的事情更多。古人有《明日诗》为证：明日复明日，明日何其多！我生待明日，万事成蹉跎。

从某种程度上说，现代文明越发达，人们的选择越多，他们的时间就会越少。翟永明诗歌《在古代》写得好：在古代，我们不发短信，不网聊，不漂洋过海，不被堵在路上，如果我想你，就翻过两座山走五里路，去牵你的手。当人们选择还没有这样多的时候，生活远比现在要简单的多，古时候的人们没有那样准确的计时工具，他们不需要去那样精准地计算和安排自己的时间。那时候，大部分人的时间都是花在维持生计上，偶尔少有的超出正常的生活范围外的事件发生，都会让人心潮澎湃。

今天社会飞速发展，人们发明和制造了无数的工具来代替自己的工作，却无法让自己从繁忙中脱身出来。一个在现代化的纺织厂工作的工人一天所生产出来的布，一个古代织布的妇女一辈子可能都生产不出来。一台简单的计算器所能完成的计算量，可能古代一个国家的专业数学家加在一起也完成不了。这只是两个能代替人们工作的很小的例子，在生活的方方面面，人们现在拥有的可以代替人们工作的工具已经远远超出了古代人的想象之外。按理说这些工具的存在应该是让我们拥有更多的休闲时间，让我们能够拥有更多的可自由支配的时间，但是事实却刚好相反。

不错，我们的时间相对古时候的人来说，是增加了无数倍。人类整体寿命的大幅提高；各种可代替人类工作的工具的问世；对时间的合理调配；还有交通和通讯工具大大地缩小了空间距离……这一切都让我们在时间的支配上拥有了古人无法相比较的优越性。但是在时间增多的同时，我们所面临的选择，所要面对的事情，也同时在成几何级地增长。

没错，和以往的人相比，现代人的时间是越来越多，但是他们所要扮演的角色也越来越多。和古代人的工作大多数是为了维持生计不同，现代人们所扮演的角色中有很大一部分，是为了满足你对这个世界的好奇心和你对生命的过多的希望。简而言之，他们大部分的努力都是为了使生命获得尽可能多的存在方式。

在现代，一个人常常要同时扮演很多种角色，承担很多种任务。有一份安稳的工作以获得必须的生活来源这是肯定的，除此之外人们还有种种的游乐方式：体育运动，休闲游戏，参加社会活动，如果可以，你还可以参加政治活动，做一些公益事业。当然，在做这些的时候你还会谈情说爱，陪伴家人和朋友，做 个好丈夫和好妻子。另外，你还要应付种种来自生活和工作中产生的意外情况。老板可能突然会要你考虑去非洲公司工作一段时间；有相同爱好的朋友组织了一次驴友活动，问你有没有时间参加；多年不见的一些大学同学组织一次同学聚会，问你有没有时间参加……你必须花很多的时间来应付这种种的事情，还要尽可能努力做到让所有人都感到满意。

如果你为了找回更多的属于自己的时间，试着拒绝和逃离这些任务和角色，你就会变成一个与众格格不入的人，你会被排斥到这个世界之外。在现代，不只那些明星和公众人物害怕被人遗忘，普通人也同样有这种害怕。所以大家都努力寻找更多的交际时间，或者经常借助电话和网络种种交际工具来保持和维持和朋友之间的联系。一些时候，有些人和事情对我们并不重要，但是为了能保持我们在整个活动圈中的印象，我们也会尽量找出时间来应付对方。

毕竟，生活在这个世界上，我们无法孤独地面对这个世界，即便是漂流到荒岛上的鲁滨逊，也有个星期五陪伴着他。你如果想和社会和某些团体更好地融合在一起，你就得再牺牲时间来换取他们对你的接受和认同。没有人能回避这个事实：我们总会花费很多的时间来做一些别人希望我们所做的事情，因为这是表明我们是他们团体中的一员的最好方式。

但是有些时候，事情并不会朝着我们所期待的方向发展。

在选择去哪个地方进行野外露营时，小泉和朋友们发生了争执，小泉希望去一个比较近些的山区，因为他想三天后赶回来参加另外一位朋友的婚礼。而将要和他一起出发的伙伴们却认为，出去玩就要放开一切，不能总惦着家里那些让人烦琐的事。在这些朋友们看来，如果小泉总是惦着回家参加婚礼或者别的什么事的话，那么就算他去外面，也不可能玩得尽兴。

到底哪种生活方式是适合我们对于时间的分配呢？没有人能给出完全正确的答案，这也许要由每个人的人生观和他对于事物的看法来决定。当然，小泉能够自己决定去或者不去参加朋友的这次野外活动，但是无论哪种选择，他都要做出一些牺牲。这就是因为我们的时间和精力不够分配而产生的矛盾。

人们经常会面对种种需要选择的时候，虽然大多数时候，最终决定人是我们自己，但是在这些决定中，或多或少会有我们对外界妥协的影子。也就是说，并不全是由我们自己来决定如何分配我们的时间，最终的决定其实是各方面因素综合作用的结果。

其他人经常会决定我们的时间如何分配。小时候，为我们做出决定的是父母；稍长，为我们做出决定的人中间又会加上老师和一些对我们有影响力的伙伴；在后来为我们做出决定的可能是我们的老板；恋爱了，为我们做出决定的会是我们的情侣。除这些主要决定者外，还有一部分对我们影响力并不是很大的决定人，他们同样会花费掉我们的一部分时间。

当然，我们在接受别人对我们的时间分配的同时，我们也会分配别人的时间。从理论上来说，真正决定时间是如何分配的应该是时间拥有者本人，但是事实上并不是这样。

很多人会对别人说自己的时间不属于自己。在有一年的“两会”期间，“杂交水稻之父”袁隆平被拍到一张刚刚从媒体的围堵中脱出身来的照片，照片中的袁隆平一脸疲惫。会议、领奖、采访……各种各样的活动替袁隆平分配了他的时间。袁隆平说：“我时间太少，总在担心没时间搞科研，没时间指导博士生，我今年七十六岁了，时间多宝贵啊！”

确实如此，我们大多数人都会有时间不够用的感慨，不同的人都有着不同的原因。虽然在很多人看来，一些人总是过得比较悠闲，但是这只是一种看法上的误区。如果能够感同身受的话，我们就会发现，不同的生活环境，不同的年龄，不同的职业，甚至包括不同人生观的人都会有各自的原因让他们觉得时间缺乏。同样，勤奋的人和懒惰的人、做事认真的人和敷衍了事的人、聪明的人和笨拙的人，每种不同类型的人也各有理由证明自己比别人时间更不够用。当一些人觉得自己时间不够用时，总是会为自己找出些理由来。比如：“如果我能够换一份清闲些的工作就好了，那样我就可以有时间多陪陪家人了。”“要是我有足够的钱，我就不用为了生活而整天奔波劳碌。”“我心情烦躁，所以总是不能静下心来，如果能够安静下来做些事，我一定能取得很大的成就。”“如果我不是在现在这个地位，就不会面对这些事情和烦恼了。”这一类的毫无意义的设想对你解决时间不够用的难题几乎是毫无用处的。

如果想真正节约时间，我们倒不如在那些我们能够控制的地方去努力，也许更有效果一些。如果你觉得是一些客观的因素消磨掉了你的时间，那么你纯粹是为了推托责任。如果你一直抱着这种心理，那么就算给你另一种选择，你也会一样摆脱不了对环境和自身境况不满意的死循环。

在很多时候，当我们的人生发生变化的时候，把我们推到我们渴望的位置时，我们会发觉，在新的位置上，我们更难适应新的角色，我们也变得更繁忙，觉得时间更不够用。

一位技术人才由于在公司研发上面表现出色，被任命为技术部经理。在他任研究员的时期，他眼中的技术部的经理是一个很轻闲的工作，把工作全安排给下面的人做，自己每天就是把腿放在办公桌上躺在那里睡觉。等他到了这个职位他才明白，职位升了，并不是代表轻闲了，时间多了。新的职位只是让他摆脱了原来的工作，而现在他要面对更多的相对以前更为烦琐的工作。

所有“别人比自己更轻松”的想法，都只是一种假象。在你觉得别人的工作更为轻松时，只是因为对方比别人更习惯他自己的角色分配。

我们每个人都经常会因为在一些互相矛盾的事中间消耗掉我们的大部分时间。这种矛盾通常在我们对时间进行分配时会很明显地表现出来。是去和朋友进行一场没有什么意义，但是会让你觉得很高兴的闲聊，还是待在家里完成那篇枯燥无味的论文？饭后你是应该花费些时间小憩一会儿，还是应该立即投入工作？暑假时应该花费更多的时间陪伴女朋友，还是去找一份暑假工作，赚些钱来补贴你下学期的费用？

每一种选择都会占用我们的一些时间，如果你想要选择更多的生活，你的时间就会变得不够用，变得忙碌。

给时间做个规划

按相对论的观点来说，我们每个人在相同的时期拥有的时间多少并没有区别，真正让我们觉得时间多少的是我们在同样时间内需要处理的事情。

每时每刻，我们都在为我们怎样利用我们的时间做出决定。有个很形象的比喻，时间就像你账户上的一笔钱，每天都会有相同数量的金额到达你的账户，如果当天你不能把它们消费完，第二天这些钱就会自动消失。时间就是这样，你珍惜它也好，挥霍它也好，它就那样从你身边静静地流过，不急也不缓。

通常来说，我们的时间怎样运用，都有一些特有的决定方式。有人说，我都没有考虑过这些问题，过一天是两个半天，谁有那么多心思考虑这些。是的，你并没有为怎样消费你的时间列个正式的规划表，但是这些规划早就存在于你的大脑中了。

习惯是影响我们时间分配的最主要因素。大多数人都会习惯于一种长期存在的生活方式，比如每天早起去上班，中午的时候要定时睡个午觉，晚上会习惯性地坐在电视机前看两个小时电视。这种习惯性的对时间的安排大大简化了我们做出决定的步骤，有些时候，我们虽然会对以往的生活方式感到厌倦，但是仍然会出于一种习惯性，自然而然地延续着我们过去的生活。

影响我们时间分配的另一个因素是来自外在的强迫力，这些会迫使我们在决定我们的行为时做出改变。有人问某人：“你专程去为你妻子挑选这件昂贵的皮大衣，是为了让她更高兴吗?”这位回答：“不是，我是为了让她不说话。”

做妻子的过于唠叨，做丈夫的不得已为她做出一些改变。我们很多人都遇到过相同的情形，常常我们在决定做什么事情时，是迫于无奈。由于这类决定是被迫做出的，所以我们接受和执行过程中常常会有意无意地拖延，这样它们往往会花费我们比实际需要的更多的时间和精力。

另外，偶然的决定也会改变我们的时间分配。

一张漂亮的布达拉宫的照片，让我突然萌生去一趟西藏的想法。趁我心中的想法还没消失之前，我开始着手做出发的准备，一个月后，我顺利地启程，这次旅行花费了我一个半月的时间，回来后，在很长一段时间里我依然沉浸在对这次旅行的回忆中。

偶然做出的决定并没有什么不好，这种决定常常是源于我们内心深处的一种冲动，源于我们对那些习惯性生活的厌倦，或者是我们内心深处对某种东西的向往。虽然我们并不能保证这些偶然的决定就一定是正确的，但是人生如此变幻莫测，我们又怎么能仅仅依照一些我们并不能完全确定对错的标准来扼杀我们内心深处的想法呢？

不管我们是怎样做出决定来分配我们的时间，总是感觉我们的时间分配方式不能够让我们完全满意。

“我的每一天都是这样浑浑噩噩地度过，没有任何的新鲜事，没有改变，没有激情。”

“日复一日地重复这样的工作，简直就是在浪费生命！”

“我觉得自己是完全的身不由己，我的所有一切都是由别人来决定的，我所过的并不是自己想要的生活。”

“冲动是魔鬼，我现在都想不明白我当初为什么会产生这样的想法，看看，我现在的生活全部被改变了，所有的一切都乱套了，我再也回不到从前。”

各种各样的问题都反映了我们对生活状态的不满意，每一种人都希望自己的时间不是按现在的生活方式存在。

如果我们能够对生活做出适当的规划，那我们的生命是不是会有些改变呢？

有些人喜欢率性而为，他们不相信规划能对人生产生多大的意义。而另一些人不管做什么，他们都会列一个详细的书面规划出来。

不相信规划者说，很多事往往是不可预料的，计划赶不上变化，有些时候计划还没列好，很多事情就已经全部改变，又得重新计划，所以还是走一步看一步来得简单。

而另一些人会说，做人做事，有了目标，才能事半功倍；有了目标，才能够遇到挫折不气馁，才能一直向前走。

这两种生活方法也许都有它们的好处，但是也有它们的不足之处。太过散漫的人生符合自由的天性，对艺术家，科学家等等需要创造力的人来说较为重要。但是对一些需要团队精神的工作者来说，自由散漫就是大忌了，它往往会成为一件事情失败的主要原因。

规划的本质是把未来的事情预先计划好，让我们对未来能进行控制。有人说过这样一句话：只有一件事上帝对人类是完全公平的，那就是每个人的一天都是二十四小时。怎样在上帝给我们的时间上获得最大的收获，是一个需要好好考虑的事情，这就是对时间的规划。

大多数人不喜欢规划，除非有很多很复杂的事情摆在他们面前，他们才会迫不得已去做一些规划。虽然有规划的生活会让我们觉得日子太过按部就班，但是想要用我们有限的时间取得更大的成就的话，必要的规划是很有必要的。

对时间做出规划不一定是要我们把自己的所有时间，每一天都做详尽的安排，对我们大多数人来说，时间还没有宝贵和紧凑到用分秒来计算。我们这里所说的规划，主要是指人生要有一个好的目标。

你想做一名摄影师吗？那好，你就得有计划地去学习拍摄技术，去学会怎样向着你的目标一步步前进；你想成为一名英语高手，那好，你现在已经有了一个人生目标，在以后的时间里，你可以尽量地找出时间来学习和练习英语发音，而不是把时间用到无所事事的闲逛上面。

前面我们说过，成功有很大的偶然性，但是成功也有它的必然性。一位虔诚的基督教徒每天都在对着上帝祈祷，能够让他中一个彩票大奖，但是直到他的人生结束，他的这个愿望也没能实现。这位死后去见了上帝，他对上帝说："上帝啊，我对你这样虔诚，我每天都向你祈祷能够让我中一次大奖，但是你为什么不帮助我呢？"上帝无可奈何地说："我也一直想帮你，可是你得先去买一张彩票啊！"

即使有上帝给你运气，你要成功，也得先去买一张彩票，这就是成功的游戏规则。对自己的时间进行有效地规划后，给自己定下一个目标，你就进入成功游戏的重要一步。

对时间进行规划，仅仅是让自己有了一个目标，这个目标不等于成功。成功犹如一个建筑，它需要很多的材料来共同支撑。

很多人在对未来进行规划时，往往没有一个正确的计划，他们并没有把目标设在那些需要的事情上面。有个朋友对我说，她想去学英语，我问她怎么有这个想法，她说，因为读书时英语一直不好，所以心里总是对这个耿耿于怀。

规划和实际不相符合，是很多人规划经常改变的原因之一。正确的选择，往往会带来事半功倍的效果。显然，在进行未来规划时，对那些没有多大价值的事情上花费过多的精力是不合适的。

把百分之八十的精力用在重要的事情上，不要让无谓的事情过多地占用你的时间，这才是时间规划中最重要的事情。

忙忙碌碌不是真

你打算你的未来时光怎样度过?

如果有人告诉你，你的生命只剩下一年的时光，你会怎样度过你这仅有的一年?

这个问题有些老套，很多励志类的文章上都提出了相同的问题，流传得最广的一本书上是这样写的：一个人得知自己得了绝症，他的生命只有一年时间了，他觉得自己没有时间再浑浑噩噩地度日子了，于是他给自己定了一个人生计划。当然，相对于很多人的人生计划来说，这个计划的时间太短了，原因是他只有一年的生命了。结果，一年过去了，他取得了惊人的成就：写了两本书、看了十本他一直想看却没看的书、去了中国的十多个地方旅行（包括西藏和新疆）、拿到了驾驶证、学习英语，能够熟练地和外国人对话……最神奇的是，他因为心情好，一年后绝症竟然自愈了。

很神奇的一个故事，它告诉我们，一个人如果有决心，有能力，他的潜能是无限的。但是，看了这个故事，我有些怀疑，一个人真的能够在一年内完成这样多的事吗？人在绝境中真的能爆发出这样大的潜能来吗？

且不说是一个身患绝症的人，就是一个健康人，要完成这些任务中的单独一项，一年内也未必能完成。我们的励志书籍常常犯这样一些常识性的错误：当我们要宣传某种精神时，我们就会过分夸大它的作用。如果我们说勤奋重要，那么一个人无论他资质怎样，别的条件怎样，他只要勤奋，就一定能获得大成功；当我们宣传情商重要时，那么一个人成功的机会就百分之八十归功于情商了，而其他的，变得都不那么重要了。这个故事也犯了个同样的错误，为了让人们不要浪费更多的时间，去努力奋斗，它告诉人们，只要你敢想，没有什么是做不到的。

事实上，很多事情能够真正实现，是需要很多很多时间作为基础的。举个简单的例子，学会一门外语需要1500小时，我们用1500除以24个小时等于60多天，那么是不是说，我们用两个多月就能学会英语了？很多人肯定会说，不是的，你每天还要吃饭睡觉。那么，我们扣除吃饭睡觉休息的十二个小时，四个月能不能学会？答案还是不一定，因为除了吃饭睡觉休息，你肯定还会有些别的事情要去做。比如和朋友一起吃饭，陪伴家人，看电影等等。除去学习英语外，我们所要花在别的事情上的时间也会很多很多，这就是为什么我们做一件事，经常算得好好的时间不够用的原因。

对做事来说，过分地追求忙碌，而忘记给自己留些多余的时间，是一种错误的想法。大家都是普通人，会有喜怒哀乐、会生病、要休息、要有各种娱乐休闲，给生命适当地留些空白，才能尽可能让自己的人生变得丰富。

在自然界中，有工蚁和工蜂。工蚁是蚂蚁中数量最多的，它们生存的主要任务和职责是建造、扩大和保卫巢穴、找寻食物、负责幼蚁和蚁后的生活饮食等。工蚁是天生没有生育能力的，他们的任务就是工作、工作，直到死。工蜂在蜂群中的任务也和工蚁一样，但是工蜂天生是具有生育能力的，只不过因为它们的工作需要，没有让它们产生生育能力。

这些只是动物界的一些常见的事，但是如果一个正常的人，因为忙忙碌碌而失去了生命其余的大多数，那么他的人生一定不是完整的人生。人类不同于动物就在于人类能够思索，能够主动地去寻找生命的意义；而动物，只是依照本能去接受和寻找。

你是否经常遇到这样的情形：有段时间你非常忙碌，你的手边有数不清的事情等着你去做，你每天开会、打电话、做文案、约见客户，一直没有闲下来的机会。但是静下来时，你却发现自己的忙碌不能让你产生任何成就感，你甚至记不得自己一直在忙什么、曾经做过哪些事情。

我们常常会在不知不觉中陷入这种忙碌的怪圈之中，我们忙碌，但是总觉得无所事事；我们忙碌，但是找不到自己忙碌的价值；忙忙碌碌地一路走来，结果我们发现我们后面什么也没留下。

你有没有发现，很多习惯忙忙碌碌的人，他们并没有花费太多的时间去思考自己真正所应该去做的事。有位老板发现，他的下属们总是喜欢做一些程序性的工作：不需要花费太多的时间来思考，只要按部就班地去完成任务就行了。他每次布置给下属一些较为重要的工作时，都会发现下属对这些任务有抵触情绪。下属的这种心态常常导致每个人都是忙忙碌碌的，而那些真正重要的事情的执行时间，却一直被推延。

相对于那些琐碎的工作来说，重要的事情常常花费的时间不会更长，但是它们需要更多的精力和智慧去完成。而且，往往那些非常重要的工作，会给人带来失败和挫折等等不好的情绪影响。

研究表明，不只是那些从事简单劳动，没受过多少教育的人群喜欢从事那些简单的、程序性的工作，很多受过高等教育的人，有着很高的专业知识的人，有些时候面对困难的工作时，也会选择逃避。

一位经理人说："如果可以，我宁可去车间打扫卫生，也不愿意在办公室思考这些永远没有结果的事情！"

因为人们总是喜欢把时间花费在那些并不重要的事情上面，所以很多人虽然显得非常忙碌，但是他们的工作往往都不能产生很大的价值。也就是说，真正有价值的事情常常不是在忙忙碌碌的状态下完成的。

一位女士终于得到了十天时间的休假，她想用这段时间好好地为家人做一些可口的饭菜。花费了一个星期的时间在网上和各种美食杂志上搜集了大量的菜谱，她想为家人做很多可口的饭菜。但是等她忙碌完这一个星期后，她发现她搜集的大量的菜谱并没有多少有真正的实用性，后来她又花了一些时间，把这些菜谱进行了分类，并且从中挑选了一些适合日常生活的菜谱作为备用。当完成所有这些任务时，她的休假已经结束了。这期间，她给家人做的饭菜还是和她以前所做的一样。当然，她也理所当然地为自己制造了一个忙忙碌碌的假期。

很多人忙忙碌碌，只是因为一种习惯，他们习惯不让自己停止下来，习惯用忙碌来填补无聊的生活。但是生活并不等于活着，并不只是忙忙碌碌地浪费自己的时间。

显然，很多人之所以能在做事时随心所欲而不出错，在于他们所做的事情并不需要太多的时间。除此之外，另外一些人每当遇到紧急事情发生时，就会立刻变得风风火火起来。

在我的印象中，不只是新闻记者喜欢那些突发事件（这会为他们的报道增加更能吸引注意力的素材），很多普通人，也一样对突然发生的紧急事情怀着一种兴奋的感觉。而作为一些紧急事情的当事人来说，事件的发生更能给他们带来一种兴奋感。紧急事情就像是平淡生活中的佐料一样，它能迅速地刺激人们的大脑，让人在短时间内迅速获得快感。

那些较为重要的紧急事情，除了给我们带来快感外，还能带来成就感。如果紧急的事情本身并不重要，那么我们就会更加关注它的紧迫性。一位爸爸星期天在家中赶写一份工作计划，这份计划明天星期一的时候开会时需要。他六岁的小女儿希望爸爸能陪自己玩，最后他让女儿一个人去院子里的草地上玩耍。半小时后，外面传来了女儿的哭声，她因为好奇，弄倒了墙边的一根立着的木头，这木头倒下来砸伤了她的脚。这位爸爸只得离开了书桌，送女儿去医院。他在去医院的途中还惦记着电脑上那份工作计划，而这边医生却忙碌着为他女儿处理受伤的脚。

我们期望自己有很多事情可做，如果这些事情不是太过重要的话。如果一个人很忙，每天必须要做很多事情，那么他在自己所处的那个圈子中，就是一个很重要的人；如果他整天无所事事，毫无疑问，他是一个没有多少存在价值的人。这种观点让我们羞于承认自己其实并没有多少事情可做，忙碌让我们找到了在这个社会中的地位，获得了我们存在的安全感。

“我很想花些时间去练瑜伽，可是天知道我有多忙。一刻不在店里，电话马上就追过来了，总有那么多的事情要处理。我真羡慕那些有时间做自己事情的人！”一位化妆品品牌店店长这样说。她抱怨店里员工都不会为她分担工作难题，总有很多事情等着她去解决。

真实情况是，在店里需要她的同时，她也需要这份工作。不仅仅是钱的问题，她还需要工作带来的压力感来填补生活中的空白。

一方面是我们需要工作来填补我们生活中的空白，另一方面是很多紧迫的事情等着我们去做，这些事情所带来的紧迫感更增添了我们生活中的忙碌性。

“今天下午公司有个紧急会议，你一定要参加。”

“有个客户投诉我们的服务，你必须赶过去那边了解一下情况，现在就去。”

很明显的，每一件事都非常紧迫，每一件事都是非做不可的。而事实上，参加过公司会议的人都知道，真正重要的事情很少是在会议中决定的。而客户的投诉，只是因为客户有事找客户服务部，但是他前面的电话都是在下班时间打的，所以一直没人接听。

通常紧迫地事情都不是太过重要的事情，我们常常会把事情的紧迫性和重要性当成一回事，事实上，这两者之间有着根本上的区别。人们通常会把那些看起来紧迫的事情排在他们日程安排的第一项，然后在第一时间去处理这些事情，而那些真正重要的事情，往往会被拖延。在大家的潜意识中，真正重要的事情在执行时，一定要尽可能地郑重，就如古代的一些大事在进行时都会有某种仪式一样。

整天沉湎于那些紧迫的小事中，而将真正重要的事情放在一边，结果，我们虽然忙碌，却感觉到没有成就感，我们劳累，却仍然还有很多事情等着我们去做。

在人们的潜意识中，也总会认为那些忙碌会让生活更有意义，在很多人看来，生活的意义就是去创造更多的价值，而一个人如果更忙碌，他就能创造出更多的价值来。比如在一个部门中，主管去检查工作时，他最先看到的不是工作的完成度，而是看下属的工作态度，如果大家都忙忙碌碌，他就会很满意，即使后面他发现大家的工作完成得都不能让人满意，他也会觉得下属们都尽力了，只要他们工作态度好，就不会有大的问题。反之，如果大家都显得无所事事，主管就会觉得员工们一定出了什么大问题，这种时候，即使大家工作完成得很好，他也会想法另外找出一些事情来，让大家尽量保持一种忙碌状态。

一个老板走进车间，看到大家都在忙忙碌碌的工作，而一个人站在那里若无其事地嚼着口香糖。老板非常生气地走到那个人面前问："你是什么时候进来这里的？"

那人看了老板一眼，回答："我今天才进来的。"

老板："你没看到大家都忙碌着，你为什么不做事？"

那人若无其事地说："我没有事做。"老板更加生气了地问："你一个月薪水多少？"

"两千美元。"

"那好，"老板生气地掏出两千美元递给那个人，"拿着这些钱，赶紧滚蛋，我永远也不要再看到你。"

那人接过钱，默默地转身走了。余怒未消的老板问那些惊奇地看着这一幕的工人："这个人是负责什么工作的？"

一位工人怯生生地回答："他是外面的人，刚刚给厂里送货过来的。"

这位老板犯了一个很多人常犯的错误，在他的想法中，自己的工厂里面的每个人在工作时间都应该努力地去做事，每一分钟都在为工厂创造价值。但是忙碌不一定比无所事事更能创造价值。日本某大学的生物研究小组对一些蚂蚁进行了长时间的观察。他们发现，蚂蚁群中，大部分蚂蚁都非常勤劳地工作着，但是却有少数蚂蚁只是无所事事地到处游走，它们偶尔会去看看那些工作的蚂蚁，然后又会转身离开，去继续自己悠闲自在的生活。

众所周知，工蚁是蚂蚁群中一个勤劳的群体，但是为什么在这些勤劳的蚂蚁中间会出现这种不干活的蚂蚁呢？

生物学家们做了一个有趣的试验，他们在那些不工作的蚂蚁身上做上标记。然后给蚂蚁群创造出一些危机来，比如用松香在蚂蚁周围画个圈，或者把那些蚂蚁正在搬运的食物全部拿走。

每当这种时候，蚁群就会一片混乱，那些原本辛勤工作着的蚂蚁们因为突然发生的情况不知所措，它们开始四处游走，狂躁地跑来跑去。而这时候，那些原本没有工作的蚂蚁出来了，它们能够安抚那些狂躁蚂蚁的情绪，带它们走出危险的境地。这些蚂蚁会让别的蚂蚁安静下来，然后搬来沙子，在松香上填出一条出路；也会带领那些被拿走食物的蚂蚁去找到新的食物。更神奇的是，有一次一群蚂蚁在一棵树上的时候，生物学家们用松香在树干周围涂了一个圈。当树上的蚂蚁慌乱的时候，一只不爱工作的蚂蚁带它们找到了一根树枝和别的树连接的地方，让它们从另一棵树干上顺利地回到了地上。

真是一个神奇的生物界，原来那些不肯忙碌工作的蚂蚁有着如此重要的作用。

就如阳光和阴影同时存在一样，勤劳和懒惰也会同时存在于我们身上。勤劳也许是一种美德，但是懒惰也应该是不可或缺的。懒于工作者，也许勤于思考。在一个工厂里，一直忙忙碌碌的，往往是那些位于基层的员工。

如果你一直忙忙碌碌着，就会失去思考的机会，同时失去一些真正会影响你的人生的机会。牛顿如果不是坐在一棵苹果树下，让一个苹果砸中，他也许就不会发现万有引力。同样，我们现代生活中很多不可或缺的发明，都是一些懒于日常烦琐事务者发明的。有人懒于走路，所以他们发明各种代步工具，进而发展成现代的各种交通工具；懒得洗衣服的人发明了洗衣机……在热带生活的人们经常要爬到很高的树上去摘椰子，于是有人想出了一个办法，他们训练一些会爬树的猴子爬到高高的树上去摘椰子，而人们，只要在地上捡拾那些猴子扔下来的椰子就行了。

人们总是习惯于去做那些受到大多数人夸赞的行为，因为忙碌和勤劳一样，会让大多数人视为一种美德，所以很多人习惯地在人们面前表现自己忙碌的一面。殊不知，忙碌如果成了一种习惯，也是一件很可怕的事情。

每年的春节长假，人们都从外地回到了家里。但是他们中的大多数人一边享受着和家人的团聚，一边却是感到无所事事的无聊。很多人已经习惯了流水线上不停歇的工作，习惯了奔波于写字楼街头上的忙乱的生活节奏。忙碌的生活到底让我们得到了什么？又让我们失去了什么呢？

“如果工作本身不忙碌，就会让我觉得自己没有产生价值。”在车间负责电脑控制的刘欢说。他的工作比较悠闲，但是他尽量在别人面前表现他一直在工作的样子。和亲人闲聊时，他说，如果在工作时他想休息一会，他就会手上拿着茶杯，这样就算老板或者主管看到他没有做事，也会以为他是在喝水，所以偶然比较悠闲。

在外企任高级主管的马可对这个问题却有着完全不同的看法："工作应该是一种享受，过分忙碌的工作环境只会让人把工作当作一种任务，不会让人产生工作即是享受的想法。一家优秀的公司，应该尽量让员工能够发挥他们大脑的价值，而不是仅仅把他们当作廉价劳动力来对待。"

虽然很多管理者表面上会欣赏那些忙碌工作的员工，但是在实际的价值取向上，他们并不会认为忙碌真的会产生更大的工作价值。很多在公司工作的员工不明白，为什么自己每天辛苦地工作，却总是得不到升迁，而那些看上去好像并没有做什么的人，却总能得到上层的赏识？这是因为，一个不停忙碌的员工，他可能并没有真正的价值判断能力，他所做的事，只是一些低层的，甚至是无意识地进行着的工作。如果这类员工得到升迁的话，他的职位越高，对周围的人影响越大，他的忙碌所产生的负面价值就越大。

比如一个公司的高级主管，如果他每天花一整个上午的时间去给各部门送通知、复印资料、做一些简单的报表、记公司的考勤……可以肯定他不是一个合格的主管。一个高级主管，每天忙忙碌碌地进行着一个秘书的工作，我们怎么可能觉得他是合格的呢？

这种情形具体到个人时，也会是同样。固然，我们大多数人每天都要面对很多琐碎细小的工作，但是更多的时候，我们会在一些必须的工作之外，不停地寻找让我们不能停止的事情。

从某种意义上来说，一些懒惰者其实是巧妙地让自己避开了那些日常生活中杂乱不堪的事情。为什么很多人能取得别人所不能取得的成就，并不是因为他们每天忙忙碌碌，而是他们懂得怎样让自己的工作归位于更有价值的事情上。

不忙碌，我们应该做什么

我们前面说过，忙忙碌碌，整天忙着工作和加班的人，并不一定会取得更大的成功，也不一定会给自己的生活带来真正的幸福。

除了日常工作中的忙碌，生活中方方面面都能找到很多事情，让人不能停息下来。

有人说，人生这样短暂，要做的事情那样多，不忙碌，怎么能做完？

但是能做的事情那样多，就算你忙碌，又能完成它们吗？

一个爱追求时尚的女孩子，她每天忙碌着寻找时尚的脚步。今年流行灰色的衣服；什么样的香水才能让自己显得更有品味；哪一款耳环更前卫；粉红色的口红会不会让人更显性感……总有那么多时尚的东西可以让她去追寻，每一样都可能占据她很多的时间。有一段时间，她学习化妆，这用了她整整两年的时间。后来她又迷上了各种新款的手机，随着这些新款手机而来的还有上面的各种流行的游戏和让人乐此不疲种种新奇功能，对于手机的爱好至今仍然占据着她所有业余时间。

我们可能都有着各种各样的爱好，有些是我们的兴趣所在，有些只是为了打发无聊的时间。当然，有了这些爱好，确实让我们平静的生活增添了不少乐趣，但是它们同样也填满了我们生命中那些应有的时间空白。

就在我们忙碌于那些能够让我们不至于过于无聊的事情的同时，我们可能失去了人生的更多。一个迷上游戏的孩子，他除了上课外，所有的时间都在电脑前待着，甚至吃饭也是眼睛盯着电脑。

就是在这类没有价值的事情上，我们宝贵的时间慢慢地从手中溜走。一面是抱怨自己时间不够，一面却又把时间浪费在一些不必要的事情上，这就是我们大多数人所忙碌的事情。

过度的忙碌不仅会让我们的时间变短变少，而且会让我们生存的空间也被渐渐压缩在一个很小的范围内。

两年前，一位服装店主因为他的店经营得非常成功，他想再开一家连锁店，可是两年过去了，他仍然只有一家店，他的解释是："没有时间，我每天进货、招呼顾客、管理员工，每天都是忙到很晚，根本找不出时间来去处理新开一家店所要完成的工作。"

从个人角度来说，过分的忙碌会让我们失去很多提升自己的空间，让我们失去更多享受生活的机会。如果一个人每天忙忙碌碌，那么他就会失去很多思考的机会，也失去了寻找新的人生机会的时间。

忙忙碌碌能让我们抓住现在，但是也可能让我们失去未来。不仅个人如此，对一些公司和团队也是如此。在一些自由度很大的公司，员工常常会更有创新精神，这些公司也往往更能把握住时代的脉搏。比尔·盖茨在有一年的记者发布会上说，微软短时间内不会开发新的软件，但是他接着解释说，但是他并不清楚下面的员工有没有这样的计划，因为微软在很多事情上给了员工极大的自由空间。

这是个知识和信息爆炸的时代，越来越多的工作需要更多的想象力和思考力来完成。完成这些工作，并不需要人们去忙碌不停，有些人，甚至把工作放到了家里和休假胜地去完成。而事实上，很多有创造力的工作都是在休闲时刻产生的。甚至，一些比较严谨的工作，也是因为休闲时刻所产生的灵感而成功。一位律师说："我为一个案子忙碌了整整一个月，却一直没有找到案子的关键所在，反而让我的脑子乱成一团，于是我决定给自己一个放松的机会。终于，在一个海滨度假胜地，当我正在海滩上晒太阳时，一个念头进入我的脑海，我找到问题的症结了。这个案了我顺利地胜诉。"

学习、旅游、让自己的知识和视野得到提升，这些都很难在忙忙碌碌中进行。也许有人会说，我可以在紧张工作的同时找出时间来学习，这样会让我的生活更加充实。没错，工作的同时我们可以学习，但是这并不代表如果我们让忙碌占据我们身心的时候，我们能够学到更多的东西。

另外，那些我们必须的个人生活，休息、和家人团聚、与朋友打球等等这些，也需要我们有更多的个人时间。

一些人每天忙忙碌碌，是因为他们觉得自己的生活需要自己如此去做。一位出租车司机对自己的孩子说："爸爸没有时间带你去海洋馆，爸爸要赚钱给你交学费。"他在说这些话时理直气壮，全然不顾孩子委屈的、渴望的神情。

在很多人看来，自己人生的目标就是养家糊口，就是赚钱，所以可以为了这个目标放弃别的一切生活。以这个目标为前提，他们甚至能够牺牲吃饭睡觉的时间，更别说其他的日常活动了。诚然，对大多数人来说，通过工作来赚到足够的钱来供应自己的生活是必须的，但如果把人生的目标全部放到这上面，则是一件十分悲哀的事情。

把赚钱养家糊口当作人生的唯一目标的人，常常会认为自己特别忙碌，根本没有时间去进行那些有趣的、自己想要做的事情。但是事实上是，即便他们偶尔有多余的时间，他们也会习惯性地想着那些他每天所做的工作。习惯性地活动让他不能随心所欲地决定自己的业余时间。

要想做一些对你人生来说较为重要的事情，真正实现你的人生目标，你就必须得学会做出一些改变，通过一些可能的途径来让你的时间使用得更加合理。这里要强调一下，很多对人生没有太多追求的人，并不是他们没有人生目标，只是他们的人生目标让忙碌的现实逐渐消磨掉了，或者他们自己渐渐地把那些想法和渴望深藏在内心深处了。

是的，每个人都有若干的理由来告诉自己不可能有足够的时间为理想奋斗，但是你想一想，如果你自己都找不出时间去实现自己的人生理想，那谁又能帮助你呢？

在时间管理领域有条“帕金森定律”，在这个定律下，人们完成任务的速度是根据他所拥有的完成这些工作的时限来进行的。也就是说，一个人会在自己可能的情况下，尽可能地拖延一件任务的完成。

同理，如果一个人在感觉上认为自己一辈子的时间都会花在赚钱维持生计上，那他就不会试着在自己所做上做出些改变，尽管那样做可能让他拥有更多的时间来做自己想做的事。

只有你自己才能决定你的时间怎样用，该花在哪里，“我没有时间”多数情况下只是一个借口，如果你一定想要做某一件事的话，你可以把所有的事情都放下。只有在你认为某件事并不重要的情况下，你才会用“我没时间做这件事”作为借口来推辞。

还记得你年少时的愿望吗？那些逐渐被时光磨掉，被现实侵蚀掉的美好的想法？你是否还会在一个人静下来时想起来，那些曾让你花费所有的热情去追逐向往的东西？

对现实的妥协是我们逐步远离梦想的原因之一。有一年，我在一所大学校园遇到一位老人，七十多岁的年纪，他不是这所学校的教授，而是这所学校的一名学生。他告诉我，年少时因为一些原因，他离开了学校，后来的几十年中，他一直盼望着能回到学校。现在他退休了，他说，我终于能够放下所有的事情来完成我的梦想了！

有梦想而不去追寻，坐等机会的降临，这是很多人常常做的事情。仔细想想，你就会发现，这些人缺的不是时间，而是利用时间的能力。

日常生活中的很多事情，占据了我们大多数的时间，并不是因为这些事情必须需要那样多的时间，而是我们习惯了用这些事情来消耗掉那些我们看来没用的时间。

作家海岩是锦江集团北方集团的董事长，他的工作非常忙，但是就是在繁忙的工作之余，他创作了数量巨大的作品，他曾经连续七年每年出版的作品在八十万字以上。被人问及是怎样创作这些作品的时候，海岩回答说："我的书一般是在晚上十点到早晨八点之间写的。"

晚上十点到早晨八点之间，除去睡觉和洗漱等等时间，剩余的时间估计也不多了，海岩就是利用每天这有限的时间，创造了那样多的作品。

不忙碌，不是要我们不去做事，而是要我们剔除那些无聊的，只会浪费我们时间的事情。调查结果显示，有相当一部分人取得的成就，都是在零散时间内完成的。有这样一个故事，山里面有两个小庙，分别住着两个和尚，他们每天都要走很远的路去挑水吃。每次挑水时两个和尚都会河边相遇，互致问候。可是有一天，其中一个和尚没有去河边挑水。这件事情持续了好几天，另一个和尚有些担心，就到他庙里去看望他。到了庙里，发现那个没有去挑水的和尚正坐在庙里安静地看书呢，就很奇怪地问他为什么这些天不去挑水了。正在看书的和尚微笑着回答："之前我每天没事时，就在庙后面挖井，经过这半年时间，那井终于挖好了，我也不必再走那样远的路去挑水了，所以就安静地待在庙里看看书，做一些我想做的事情。”

每个人都拥有一些属于自己的时间，但是只有很少的人知道该在闲暇时为自己掘一口井。摆脱习惯的束缚，不要把时间浪费在那些无所事事，无谓的小事上，为自己掘一口井，也许它就是你一生取之不尽的源泉。

改变习惯、打破常规是需要很大的勇气和毅力的，但是这样的尝试将给你带来一种全然不同以往的生活。它们可以为你的生活注入很多新的内容，增添更多的创造力。

生命中的美好

古希腊的神话传说中，西西弗斯犯了错，触怒了众神，众神要求万神之王宙斯惩罚西西弗斯。宙斯判西西弗斯把一块大石头推到山顶，每当西西弗斯费尽力气把巨石推到山顶时，那块石头就会从他手中脱落，他又得开始重新把巨石往山顶推去。

这种不断重复、没有止境地进行同一件辛苦的事情，在众神看来，是对西西弗斯最严厉的惩罚了。

在中国的古老传说中，也有一个类似西西弗斯的神话故事：南天门的守将吴刚和嫦娥私会，结果疏于职守，犯了天条。玉帝震怒，罚吴刚去月宫砍伐五百丈高的不死树——月桂，砍倒了这棵树才能重回南天门，与嫦娥见面。月桂是神树，砍即愈合，吴刚也就永远不能砍倒这棵树。玉帝用这种永无休止的劳动来惩罚吴刚。

生命是一个过程，而事业是一种结果，人们总是习惯于追逐结果，而忘记了过程，忘记了生命的本质。对生命本质的遗忘，让人们把劳作视为一种痛苦，把过程和等待变得漫长难耐。辛苦，却没有结果，在这种永无结果的劳作中，很多人就和推巨石的西西弗斯和伐月桂的吴刚一样，慢慢消耗着生命。

终于有一天，痛苦绝望、在荒诞的工作中日复一日的西西弗斯发现了一个奇迹，他在巨石滚动时，开始欣赏中间那些美妙的过程。风雨雷电、鸟语花香、巨石在山上滚动碰撞时所产生的力量感，这一切都让他感到非常美妙。当西西弗斯不再以推石为一种苦难时，这份工作让他变成了种享受。

生命是一个过程，我们所经历过的每一天每一刻加起来，就构成了我们生命的全部。过分重视结果，重视事业而忽视生命的过程，是对生命本质的一种误解。

淘宝网的一个二十四岁的女网店店主突然在睡梦中猝死，事情的起因是这位女孩当时一边忙着经营网店，同时装修房子、准备结婚，而且她同时还在进行减肥。过度的劳累，让悲剧发生。淘宝网哀悼了这位女店主，同时告诉大家“事业再重要，也不要为此而透支生命”。

人们对结果的期待往往会很高，而对过程则会常常略过。当小孩在呀呀学语的时候，大人就会想着他长大了会怎样。稍微年长，总是会问他，你长大了有什么理想，是想当科学家，还是当外交官？没有人会对小孩说，你想怎样生活，想怎样的成长。似乎所有的人都忘记了生命的过程，大家的眼睛都盯着结果上面。他到时会成为一个什么样的人？他最终会取得怎样的成就？他会默默无闻还是会一举成名？大家没有想过，他会怎样地快乐成长；他的人生道路会是顺利还是艰难；当他走在人生的道路上时，陪伴他的会有怎样的朋友。

大部分人在看着一个人时，都会盯着最终的结果。有次我听到有人评论项羽说，项羽的人生真不划算，盖世英雄，竟然败在了刘邦的手下。

目光短浅者总是用结果来论成败，项羽轰轰烈烈的一生，平常人岂能望其项背？但是偏偏会有很多人会用自己的价值观来评判这些人物。

一个人喜欢航海，他的邻居觉得航海太过危险，就想劝他回心转意。这位邻居找到他问：“我知道你喜欢航海，你爷爷和你爸爸也喜欢。但是你还记得你爷爷是死在哪里？”他平静地回答：“我爷爷死在海上！”

邻居又问：“你爸爸呢，你还记得他死在哪里？”他回答：“也是死在海上！”

邻居说：“既然大海这样危险，你为什么还要出海呢？”

这人问邻居：“你爷爷不出海，他是死在哪里？”

邻居回答：“我爷爷死在家里。”

他又问邻居：“那你爸爸呢？”

邻居回答：“也是死在家里。”

这人问邻居：“那么你为什么还要总是待在家里？”

邻居无言以对。

把人生当成结果者常常会以人生的最终结局作为对人的判断标准，古人有所谓的“盖棺论定”一说，须知，即便是盖棺，也不一定能够论定一个生命的全部。相对于过程的丰富多彩，最终的结果简直太平淡无奇了。

对于事业的过分宣传，常常会让人们忘掉了生命的本质。被称为“铁娘子”的英国前首相撒切尔夫人，曾经说过如果时光倒流她将不再从政，因为从政，让她的家庭为此付出了过高的代价。

身为一个能够影响整个世界的政治人物，撒切尔夫人的一生可谓波澜壮阔，但是她却感慨事业影响了她的家庭。不只撒切尔夫人，很多成功人士都有过类似的感慨，他们感慨对事业的追求，让他们失去了正常人生的很多乐趣。

大多数人对人生都有着一种内心的渴望，他们渴望能够自由地生活，但是最终大多数人都会屈从于大多数人对于人生的看法。

在印度，人们用大象来作为搬运东西的工具，象夫们捕捉野生的小象，然后驯化它们，把它们作为运输工具来使用。驯化小象的过程很麻烦，象夫用粗大的绳子和铁链把小象锁起来，一开始，小象野性很足，会拼命地挣扎跳跃。时间久了，小象发现挣扎没有效果，就会慢慢地停止反抗。当小象完全停止反抗时，象夫们就会改用比较细的绳索来拴住小象。象越长越大，慢慢变成大象，系它的绳索却越来越细，细到只是一根象征性的东西。

就是一根细细的绳索，却能让身躯庞大、力大无穷的大象能甘心接受它的束缚，因为在大象还是小象的时候，它就开始接受了一个想法，那就是束缚它的那根绳子是不可能摆脱的，自己没有力气去做到这一点。

人们对于生命和事业也存在着和大象相同的误区。在人的天性中，也存在着对自由的渴望，想去旅行，想上路，想流浪，想去走世界上每一条美丽而没有尽头的道路，但是慢慢我们却发现，这些似乎是遥不可及的。现实的生活，就是一根不可能挣脱的绳子，逐渐地把我们天性中那些渴望自由，渴望过上自己想要的生活的愿望消磨殆尽。

于是我们承认了，事业才是我们的一切。为了事业，我们可以牺牲休息，可以远离家人，可以不要健康，可以丢掉自己心中的一切想法。

对事业的过分追求，已经成了对我们生命的一种制约，让我们忘记了该怎样去享受生命带给我们的种种快乐和幸福。

大学毕业那年，女友说想和他出去旅游。他说：现在我们都没有工作，等找到工作吧。后来他和女友双双找到工作了，但是工作太忙，两人没有时间，终于等有了时间，女友又和他提出去旅游的事，他说：我们现在要先攒钱买房。终于买了房子，但是房贷要还，结婚要花钱，这次女友没有和他提出去旅游的事，倒是他自己主动说：等我们结婚了怎么也得出去一趟吧，女友偷偷地笑了。到了结婚的时候，刚好公司有个项目需要他主持，几经考虑之下，他和妻子决定：还是事业重要，旅游的事可以等以后。时间就这样一天天过，后来有了孩子，孩子成长要买奶粉，孩子上托儿所要钱，要抽时间陪孩子，他们更加没有时间了。再后来，孩子长大些了，他的事业也有了很大的成功，现在钱应该是没有问题了，问题是他总是找不出来时间。他心里一直惦着妻子和他说过的出去旅游的愿望，终于找个机会向公司请了假，和妻子开始预备出游的事情。这时他却病了，长期的劳累过度导致他的胃穿孔。在医院，他负疚地对妻子说，对不起，这次又让你失望了！

事业让人生的脚步越来越匆忙，让我们逐渐迷失了生命的最初想法。

那么多的格言告诉我们，要努力，要奋斗，要为了事业放弃一切，却忘记了告诉人们，生命和生活，有时候比事业更重要。

第九章 没有不会停下来的绝望

这是一个充满失败感的时代，时代的变化让我们没有安全感，更可怕的是，你得一直面对一些和你同样没有安全感的人的竞争。

当恐惧降临，生活并没有变得最糟

伯特兰·罗素说：“在一个充满威胁、变化无常的世界里，能够保持心灵的宁静，也许是人类最大的骄傲。”诚然，这世界上有那样多的让人烦恼的糟糕事，大多数人都会遇到恐惧和焦虑的时刻，这些是人类在这个世界中生存所必定会遇到的。学会怎样控制我们的情感，坦然地去面对那些不可预知的事情，远比让自己生活在恐惧中要来得有用得多。

勇敢地面对生活中的种种不顺，并不代表甘于平庸、随波逐流。乐观的情绪能让我们更加积极地在困境中找到目标，找到应对困难的方法。

心理学家威廉·詹姆斯说过：“我们这个时代最伟大的发现，就是人们可以通过改变自身的思想观念，进而改变自己的生活。”这句话是说，不管我们的处境多么糟糕，它并没有达到不可逆转的地步，只要我们有改变现状的勇气和希望，就可以成为自己生活的主宰者。

是什么让我们大家遇到困难时总是学着逃避？是什么让我们的生活完全受控于社会环境或者其他人？看一下你周围的一切，你就会发现，即使你认为很多已经存在的很糟糕的事情，并不是让人丝毫看不到希望。

更多时候，我们心灵中那些恐惧的心理，都是来自于我们的自身，来自于我们的内心。比如某人在一段时间经常看那些悬疑恐怖片，于是每到晚上，面对那些黑暗的地方，他就会生出恐惧感，会想到黑暗中会不会突然伸出一只形状奇怪的手；或者露出一个让人毛骨悚然的头像；或者去游泳时，他会想到在那不可窥视的水底，会不会有什么可怕的秘密和东西存在着。

另一方面，恐惧心理也会让我们预测到危机的来临，比如我们看到地震、海啸前的一些奇怪的现象，会感到恐惧，让我们提前预防和避开种种灾难。

所以，过度的、盲目的恐惧是不可取的，它只会扰乱我们的心灵。而那些真实存在的，能够直面的恐惧则是一种人类生存的方法。

可是，另一些人却告诉我们，他们经常会面对那些现实的、无可避免的恐惧。财政危机、失业来临、亲人或者朋友的背弃、交通事故、生病受伤、感情危机等等类似的问题的降临。正如一个正在平地上行走的人，突然掉进一个深渊中一样。这类事件通常不只是影响我们的心灵，而且经常是直接给我们身心带来双重的折磨。

当我们所站立的地方开始晃动，以往平静的生活被一些突发事件打破时，我们的第一想法是孤独和无助，紧接着会想到求助。为什么最开始我们想到的是孤独和无助呢？是否人们遇到危机时首先想到的都是逃避，而快乐时首先想到的都是分享？

快乐可以分享，痛苦同样可以。我们这里所说的分享痛苦并不是指那种面对别人的痛苦而黯然伤神，用一些并不一定有实际作用的话语来表达自己的看法。当一个人在危机时刻，当他一个人面对孤独时，他需要的是知道自己并不孤独，这种感觉对他更有帮助。

当困难来临时，应该学会分享。去找一个人，告诉他，你遇到了困难，告诉他你现在的想法和感受。除了设法和别人交谈之外，你还要试着让自己从发生的事情中抬起头来。一头埋进自己的故事中，自怨自艾，只会让你在里面越陷越深，让那些悲惨的事情在你身上疯狂地生长，甚至生根发芽。

有一个女孩，她告诉我关于她以前的事情，在她十七岁那年，她遇到了她的初恋。这本来是一个美好的开头，但是后来的故事很不美好，当她不小心怀上了宝宝之后，那个所谓的男朋友不知所措，决定离她而去。当她独自一人面对了这些麻烦后，她开始回忆她前面所经过的这些事情。因为有了后来的悲剧的结尾，所以这个事件无论哪一段让她想起，都会让她的心深深地刺痛。

后来的结果更加悲剧，这个女孩在她遇到那个男孩的城市开了一个小店。除了经营这个店之外，她把其余的时间都花在对那些悲伤往事的回忆之中。

整整三年时间，她没有告诉任何人关于这件事情，她只是把事情埋在心里。这期间，她拒绝了很多试图走进她内心的男孩。

当她终于肯把这些事讲给我听时，我问她："当初你为什么不试着去找你的家人，或者朋友，告诉他们关于你的这些事情?"她回答，她担心家人的责备和朋友的嘲笑。

是的，很多人不愿意告诉别人关于自己的一些事情，主要是出于这种心理，他们担心来自别人的嘲讽，他们认为自己所遇到的这些事情，都是自己所犯的错误造成的。

除了责备自己，他们还责备别人。就像前面那个女孩，在那个男人离开她后，她一直在深深地自责，责怪自己不听父母的话，责怪自己不会识人，责怪自己对人过于轻信。当然，自责的同时，她也责怪那个男人。

诚然，她有足够的理由去责怪那个不负责任、在她最无助的时候弃她离去的那个男人。但是我们这时要说的是，她的这些责备，并不能让事情能变得更好。

要做一个快乐的人，你就必须学会遗忘，学会让哀伤、痛苦和不幸的事情远离你。记忆就像一面放大镜，它会把各种情绪无限地放大。如果你想要快乐，就把那些快乐的事留在你的记忆之中；但是当你不幸的在记忆中存留住那些让你一直不能忘怀的抱怨之情时，它们也会紧紧地追随着你。

我有个朋友，她经常向人抱怨她的丈夫。她说，她觉得自己身材太瘦小，他在街上看到别的女人就会眼睛发光。她还抱怨他收入太低，挣不到足够的钱来满足家庭的花销。她抱怨他对他妈妈太好，所以她经常会问他那个自己和他妈妈掉水里先救谁的问题，当然，每次他回答的结果都不能令她满意。她还抱怨丈夫家的房子太小，因为她们是和公婆住在一起。总之，所有关于他的事情都不能让她满意。听她抱怨的朋友们虽然对她的抱怨很反感，但是没有一个人有勇气问她："既然他是一个这样差劲的男人，那么你当初为什么还要嫁给他?"

这个朋友恼怒地说："是啊，我为什么要嫁给他，总有一天我要和他离婚。"

结果不到半年，她真的和她丈夫离婚了。

有些人之所以总是抱怨，是因为现实让他们不满意，但他们又无力去对现实做出改变，也不愿意改变自己的心态。

不好的心态总是会导致不好的结果，过多的抱怨总是会让自己心情越来越坏，让周围的人对你敬而远之。

不抱怨也许不能改变什么事实，但是它最起码能让你有一份好的心情。必须承认，人生总有一些不如意的事情，但是一味地抱怨不仅于事无补，而且会让我们失去平静的心情，失去改正的机会。

抱怨无处不在，由抱怨引起的各种负面心理也在我们的生活中随处可见，约束着我们生活的方方面面。各种不必要的抱怨会让我们的生活陷入一种混乱状态，不仅破坏我们和外界的关系，也让我们自身处于一种自我封闭的状态。

仔细想想想就会发现，那些我们抱怨的，一直放在心里的事情，往往都是一些小事。

在抱怨中，我们总是刻意放大一些事情的负面效果，然后在心里没完没了地重复这些事情，直至它们真的变成最糟。

听一位朋友讲过他的一位台湾朋友的夫人。这位女士脾气很好，她丈夫做什么她都会支持，从来都是笑笑的。但是有一次，她丈夫向朋友埋怨，说你看我太太啊，一点脾气也没有，我说什么她都只会说好，也不能给我点什么意见。

这位女士开始还笑笑地和朋友一起听她丈夫说，后来她慢慢脸色有些变了，就说了下面一些话。

她说："其实我也不是没有脾气没有性格，只是有些事情我觉得不能过于苛求。当初他说要到大陆投资做生意，我明知道他不是做生意的料，但是他一定要做，我也没说什么，就依他的。结果后来做生意失败，他又要把家里的房子拿出来卖掉，这次我又不想同意，因为那时候台湾的房价正是低迷的时候。可是他一定要坚持，我也没说什么。结果房子卖掉不到半年，台湾房价开始上涨，短短时间，那房价上涨了近一倍价格。"

这位女士缓了缓，接着说："你说这样多的事情，我怎么可能看不明白，只是我抱怨他也没有用啊。我小的时候，外婆给我讲过一件事。外婆说她小时候，日本人打过来了，她跟着大人逃难。那时一船人在湘江上，船上有一对年轻夫妇，看得出来是刚结婚时间不长的，家境比较好的那种。那女的一直埋怨她丈夫，说他没本事，什么什么不好的。后来说久了，那男的说：'你别说了，你再说我跳江里去了。'那女的说：'你跳啊，你要有志气你跳啊！'结果那男的真的扑通一下就跳到江里去了。当时江水湍急，人跳到水里以后，一下子就不见了。这下那女人慌了，开始大哭起来，央求船工下去救人。可是当时天上日本人飞机在飞，满船的人都急，下去也不一定救得上来，最后船开了，那女人一直在船上哭，后悔不该埋怨自己的丈夫。可是后悔也没有用了，人去了，什么也没有了。”

“外婆讲这件事给我们听后又告诉我们，做人千万要宽容些。有些时候，太钻牛角尖，会失去更多。”

这位女士讲完，她丈夫在一边脸红了，他终于明白，自己找了个怎样的好太太。

其实，不只女人，也不只在家庭生活中，习惯性的抱怨都是不可取的。仔细想想，我们抱怨的事情大多数是一些小事，有些甚至在别人眼里是可以忽略不计的。我曾看到一位妻子总是埋怨丈夫睡觉时会占用太多的床，还有一个女孩总是抱怨自己鼻子不够高，一位司机埋怨前面的车开得太慢……种种习惯性的抱怨在生活中随处可见。大多数这类的抱怨除了让我们心情更糟外，不能对现状做出任何的改变。

对一些人来说，抱怨似乎成了他们生活中的重要部分，只要他们睁开眼睛，他们就能发现这个世界充满着让他们不满意的地方。人们通过夸大对现实的不满意和抱怨来逃避责任，来为自己开脱。观察周围的人我们就会发现，通常那些爱抱怨者，都会在某些方面表现得不尽人意，他们把抱怨别人来作为一种原谅自己的手段，通过别人和外在环境的错误，来避开自己的责任。

不管是抱怨别人，还是责备自己，都是一种不好的行为。大多数时候，我们能够换个心态想问题的话，就会发现，事情原本没有那样糟，除了我们抱怨的东西以外，还有更多的美好的东西存在着。抱怨和责备就像一片树叶，遮住了眼睛，让我们失去了很多享受生活中美好之处的机会。

一个小孩子晚上向他的妈妈抱怨，他昨天为她修整了门前的草坪，她还欠他五美分没有给他。第二天早晨，他在他窗边的桌上看到了五美分的硬币，随着这个硬币一起的，还有一张纸条。

纸条是一张账单，上面写着：帮妈妈剪草坪，五美分，已付。应付：妈妈每天做早餐，零美分。妈妈每天帮忙洗澡，零美分。妈妈每天接送上学放学，零美分。生病了，妈妈带着去看医生，零美分。在妈妈家幸福地生活了十年，零美分。

看了这张账单，这小孩子的脸变得通红，他走到妈妈身边，把头埋进妈妈怀里，不好意思抬起来。

我们每个人的抱怨都像这张账单一样，只看到了生活的一部分，而且是很少的一部分。抱怨让我们忘记了感恩，忘记了那些爱我们的人，那些人们所给予我们的快乐和幸福。

对大多数的抱怨者来说，他们所抱怨的对象都是离他们比较亲近的人。世界上有六十多亿人口，中国也有十三亿多，就算我们生活的城市，也会有几百万人口，但是真正能够让我们抱怨的，也就是那么几个和我们有某种关系的人。而且这些人中间，有相当大一部分是我们比较亲近的人，比如我们的父母、亲人、朋友、同事……正因为他们和我们关系亲近，所以我们才有机会抱怨他们。

因为我们抱怨的对象多数是我们日常生活中所要面对的人，所以抱怨的情绪会严重地影响到我们的生活。心理学家指出，幸福的夫妻和不幸的夫妻最大的区别是：不幸的夫妻更爱抱怨，他们互相之间总是会认为对方缺少宽容。

不只夫妻之间，同事之间，朋友之间，抱怨的存在也会很大程度地影响到他们之间的关系。

有些人会说：我心直口快，烦恼的事情放在心里，如果不说出来，会让我很难受。是的，把愤怒释放出来表面上好像会让我们平静，但是在多数时候，那种随意埋怨、释放情绪的做法，并不能让我们真正地得到解脱。

有个笑话：一个人晚上在床上翻来覆去地睡不着，他的妻子问他："你是怎么了？"他回答说："我欠对面鲍比的五千块钱，答应好了明天还给他的，可是我明天没有钱能够还给他，所以我担心得睡不着。"他的妻子听了，说这好办。她打开窗户，对着对面喊道："鲍比，我老公说了，他欠你的钱明天不能还给你了。"然后她回来对她老公说："你睡吧，现在该鲍比睡不着了。"

抱怨经常就是这样，总能成功地把烦恼由自己身上转移到别人身上，但是并不能真正地让自己轻松。从这种意义上来说，抱怨完全是一种高成本低效果的情绪释放法。这种方法会不断向别人传播苦恼，也会影响别人对你的印象。

试问，有谁愿意和一个整天总是唠唠叨叨的人打交道呢？这样的人最容易引起别人的反感，即使他们在抱怨中加上若干的解释来为自己辩护。

国外曾有一家比较开明的公司，为了安抚员工对于公司高层和管理人员的怨气，设立了一个房间，里面放着一些写着公司高层和管理人员名字的沙袋。当员工对哪个管理人员不满意时，就可以去找写着这个管理人员名字的沙袋，对着沙袋痛击。

这家公司的原意是想员工通过打沙袋，发泄心中的怨气，从而能达到心境平和，不至于让工作中的矛盾持续下去。结果公司施行了这种方法后，员工和管理层之间的矛盾并没有消减，反而快速增长。很多员工和管理层产生矛盾之后，并没有通过打沙袋释放掉他们的不良情绪，相反，这种行为还让矛盾更加激化。公司的这种举措给了员工一种公司提倡员工的负面情绪的印象。另一方面，管理层的员工因为他们的名字被写在沙袋上而觉得受了委屈，认为公司不顾事实地把矛盾的责任全部归于管理层一方的错误是不对的。最后，吊沙袋的做法终于被迫取消。

抱怨者除了会放大不好的事件外，还会自己虚构一些别人对自己不利的故事，并且努力在意识中把这些故事变成正确的。如果一个人对我们不好，或者我们在潜意识中觉得他们对我们不好，我们就会把这些故事放到他们身上。就如那个古老的丢斧头的故事一样。

某人丢了斧头，他怀疑是他的邻居偷了，于是每天偷偷地观察邻居。结果他发现邻居不管是走路，还是看东西，种种行为都表现出偷了他斧头的紧张。过了几天，他的斧头找到了，这时候看邻居，怎么看怎么像是个好人。

你有没有过类似的经历，当你对某件事，或者某个人怀着不好的想法时，你就会总是希望避开他们？

我记得我小时候读书时，如果我喜欢哪个老师，我就喜欢上他的课，同时，他所教的那门功课成绩就特别好。和同学聊天时，很多同学也有类似的想法和经历。这种凭个人感觉的喜好来判断一个人或者一件事的好坏的情形，常常会导致我们的判断失误。

避免我们的情绪影响到我们的判断，避免过分的抱怨让我们周围的人际环境变坏。

一个人没有完全的好坏之分，不好的只是我们的习惯和判断标准，也就是说，我们在思想上把一些人和事变成了好事坏事，或者好人和坏人。

试着用旁观者的心态来观察那些你所抱怨的事，你会发现，那些让你一直抱怨的事，也许根本就是一些无足轻重的小事。

改变对他人的成见，慢慢你就会发现，相处原来并没有那样难，只要双方稍微做出些改变就行。

世界上不存在真正的失败

在被问及是否对自己的现状满意时，很多人都会回答“不满意”。甚至那些在大多数人眼中看来特别成功的人，他们在回答别人这个问题时，也会认为自己的状况离自己内心的希望有很大的差距。

一些人坦诚，自己是失败者，面对这个竞争日益激烈的社会，总是觉得无所适从。

日新月异发展的科技，并没有如我们期待的那样让我们获得更多更自由的生存空间。诚然，技术的进步让人们过着完全不同于过去的生活，但是另一方面，这个飞速发展的社会让我们感到自己步伐跟不上时代的发展。只要稍稍地停顿，我们就会发现自己落伍了。

发展的社会并没有让人们从种种劳累中解脱出来，虽然科学家们发明和制造了无数可以代替我们工作的工具，但是这并没有让我们花在工作上的时间变短，也没有让我们能够不需要付出太多的努力就能享受悠闲富足的生活。

这也是一个矛盾的社会，一方面，交通工具和通迅的迅速发展，加快了人口之间的流动，人们也许早晨还在东半球喝着早茶，晚上就到了西半球去迎接新升的太阳了。但是另一方面，这种交通和科技上的便利并没有让我们完全敞开我们的内心，我们心中的失败感也没有因为文明的进步而稍有减退。事实和我们想象的刚好相反，我们的工作压力不断地变大，我们身体的劳累度比以往更为增加。即便是那种种的“拓展”、“减压”方法，也没法让我们从中解脱出来。

你是否想过，面对这个让人目不暇接的世界，你是否有足够的能力来面对各种随时可能遇到的危机？当你坐在宽敞明亮的办公室，看着窗外车水马龙的马路时，你对工作的信心，你对人生的安全感，为什么却越来越低？

各种竞争和生存压力充斥着我们的生活。一位职场人士对一批刚刚毕业的大学生说：“你们马上要毕业了，在走向社会时我对你们有一句忠告：你们马上要做的事情，不是去找一份事业，只是一份工作，一份能让你们养家糊口，赖以生存的工作。”话虽残酷，但是道出了这个社会的现实，曾经的挥斥方遒的大学生们，早不是当年的天之骄子。有一位学者说得一针见血：“现在高考录取率是百分之七十，哪有一个社会的百分之七十的人都是天之骄子的事情？”对学生们来说，竞争从他们开始上学时就开始了，但是并没有向以往那样，考进大学就获得了人生的第一次胜利。

不只学生，就连以前偏僻农村的农民们，也能够体会到这个社会的生存压力了。在二十世纪九十年代，一位美国经济学家曾经说过："经济危机对中国农民的影响是最小的，因为中国农村和城市一直是两个独立的实体。"但是在现在，没有人敢再这样说了，全球经济一体化和中国农村的城镇化，让现代中国的农民，必须面对来自世界另一处的农产品的竞争，对几乎全部的中国农民来说，虽然除了自己活的地方以外，这个世界别的地方对他们来说是那样陌生。

曾几何时，我们所拥有的安稳生活被完全打破了，人们的价值观和人生观纷纷开始转变。一切都变得不可琢磨，我们甚至不知道我们的失败会来自何方，当然，更不清楚我们的自我价值会在怎样一种情况下实现。大家都努力地寻找着机会，却没有一个共同和明确的方向。

伴随着价值观的改变而来的是人们对于工作或者是公司的忠诚度的改变，以往那种工作给我们带来的归属感早已不存在了，人们高速地在各个公司之间流动着。当然，选择机会的增多带给我们的也是危机感和失败感增多，即使你努力地工作，你也不能保证，你手上的工作能够一直存在。也许明天早晨起来，你为之服务的公司就会突然倒闭，让你在没有一点心理准备的情况下不得不面对失业的困境。

千万别以为那种随时随地面临失业的问题只是身处职场低位的人才会遇到的问题，对很多公司的高层人员来说，他们一样会面临同样的困扰。

这是一个充满失败感的时代，时代的变化让我们没有安全感，更可怕的是，你得一直面对一些和你同样没有安全感的人的竞争。看过纪录片《动物世界》的人，都会记得那些弱肉强食的镜头，同样激烈的生存竞争现在也在人类之间展开着。不能适应这个时代需要的人，几分钟可能就成为被淘汰出局的失败者。

古时候有所谓的“隐者”一说，那些有本事却又怀才不遇的人，大可以归隐山林，或隐于林泉之中，或耕读于山野之间，超然物外，不问世事。但是现代社会，就算你厌倦了这个时代，你也是避无可避。

既然无可逃避，那只能永远面对。没有人愿意承认自己是天生的失败者，就算这个时代让我们生存如此艰难，我们也总得找出一条能够让自己行走的路。

直面失败，不是承认我们的失败，是让我们找出一条自己独立的路。这条路也许不一定正确，但是它可以让你从那些禁锢你思想的樊篱中解脱出来。

大家知道，绵羊在思维上有一种从众性，有人做过一个试验，用一头山羊带着一群绵羊往前走，前面是悬崖，如果走在最前面的山羊掉下去了，后面的绵羊也不会停止，会一头一头地跟着掉下去。在人类的思维上，大多数的人也都有一种从众性。虽然我们很多人不承认我们的思维和生活是受制于别人或者外界的环境或团体，但是事实上，我们大多数的人都是过着一种由别人安排好的生活。虽然我们感觉到，所有的决定都是我们自己做出的，但是仔细想想，我们所做的这些决定，不过是由我们对外界信息的分析来决定的，而且，我们所掌握的这些外界信息，只是这个世界庞大信息群体中的一粒微尘。

正是在这种从众性的盲从之下，我们能够了解自己的现在，但是却对自己的未来一无所知。悲观厌世者说，谁知道明天会怎样，努力也不一定有结果；积极向上者说，就算明天是一片黑暗，我也要努力向前。

把思维变成行为，这是避免陷入失败陷阱的关键一步。

我们这里所说的思维变成行为，不是说的想到就去做，不是这样的，没有人能想到什么就做到什么。就像有些富人讲到他们成功经验时所说的，他们来到一个城市，发现这个城市里很多人都没有房子，于是他盖了一座很大很大的房子，然后卖掉它，再接着盖第二座，接着卖掉……房子越盖越多，他就发财了，成了富人，成了成功者。不是这样的，成功没有这样容易，也没有穷人或一文不名的创业者能够这样成为富人。

思维变成行动，是让你认真审视你周围的事物，了解你所处的环境。我为什么会是这样，我怎样才能找到一条属于自己的路？通过对这些问题的思考，你才能找到一条实现自己的想法的途径，顺着这条道路去努力，你也许就能找到属于自己的人生。除非你能够找出和认识到自己真正的价值，否则你不可能树立起完全的自信心，只要了解到自己独特之处，你就能从禁锢你的未来的环境中得到解放。

每个人都可以成为自己生活的创造者，对自己的未来做出改变，你有能力做到这些，不要总是指望别人来帮助你。

有一种失败的心态就是，总是把自己的生活交给别人——上司、同事、朋友、父母，由他们来安排我们的生活，并且为我们承担那些本该自己承担的责任。

世界不会因你而改变，但是它至少会因为你而有所不同。改变我们人生的方法，就是自己决定自己的命运。

很多人之所以不愿意接受现实，是因为他们认为现实是可以通过个人的努力来改变的。但是事实上，大多数时候，我们能够改变的，只是我们自己。

一件事情，你永远没有办法让它成为最好，你只能在自己的能力内，做到你所能做到的最好。就像诸葛亮所说的，“鞠躬尽瘁，死而后已”。现实对每个人都是客观存在的，只有接受这种客观，我们才能够根据它们对我们自己做出改变。

意识不到自己的想法和现实格格不入者，是一种悲剧，这种悲剧里面产生的，往往也是悲剧的英雄。对于你个人来说，成为这种人，就是人生的失败。

从某种意义上来说，人生并没有所谓完全的失败和成功，做好你自己，做到你自己能做的，就是最大的成功。和别人比较，会给我们带来很大的失败感，人外有人，天外有天，无论你做到多好，总会有人比你做得更好。

找到你内心的真实，为了自己的生活和需求去努力，你的人生会因为这种努力而做出改变。好的习惯能够成就一个人，坏的习惯能够毁掉一个人。当我们乐意通过那些好的习惯来进行自我约束时，生活就会走向积极一面。

平平淡淡不是真

“木秀于林，风必摧之；堆高于岸，流必湍之；行高于人，众必非之。”如果你想做到最优秀，就得承受最优秀者所要付出的代价。这些代价除了你到达那一步所必须的努力和挫折之外，还有你身在高处所必须遇到的种种困难。

一半是因为不愿承受努力所要付出的辛苦，一半是因为惧怕成就太高所要面对的压力，很多人选择了中庸之道。他们过着平平淡淡的生活，做着平常人所做的事，“平平淡淡才是真”是他们的座右铭，在生活中他们故意为自己设限，绕开那些可能会给自己带来挑战的事情。

忧郁王子姜育恒在《再回首》中唱道：“曾经在幽幽暗暗反反复复中追问，才知道平平淡淡从从容容才是真。”这句话遂成经典，也成为很多人的口头禅。“平平淡淡才是真”，不光成了一个堂而皇之的拖延的借口、不作为的理由。

也许生活真的是平淡的，但是平淡的生活，不应该成为我们甘于平庸、不努力上进的理由。再普通的生活，再普通的人，也会心怀理想。

有句话是这样说的："鹰有时候也许飞得比鸡还低，可是鸡啊，永远也飞不了鹰那样高。"但是就算是鸡，也会有飞翔的愿望。

有个美国人，有一次，他去买了十几个氢气球。回到家中，他把一把椅子固定在院子中间的一块大石头上，然后他把氢气球系在了椅靠的四周。做好这一切后，他带着一把气枪坐到椅子上。他决定，松开固定椅子的绳子，然后让氢气球把自己带到空中，等想要降落时，用气枪打破几个气球就可以了。

可是等他松开绳子时，那些氢气球就像一颗子弹一样，"刷"的一下子就把他连着椅子一块带到了一千五百米的高空。这下他不敢贸然开枪打破气球了，只好让自己任由气球带着在空中慢慢地飘。

一个小时后，当他终于被人发现时，他已经飘到了离美国和墨西哥边境不远的空中。警察用一架直升机试图去接近并救下他，但是直升机接近他时，螺旋浆卷起的气流马上就把气球推开。后来，警察在他的上方放下一条绳子，让他抓住绳子，才慢慢地把他吊到了飞机上。

当他终于回到地面上时，等待他的是一大群围观的人群，还有无数的摄像机和警察。在警察把他带上警车的时候，一个记者问他："请问，为什么你要这样做呢？"他停下来站住，面对记者和摄像机说："作为一个男人，你不能一直待在地上。"

之所以把这个故事放到这本书里，是因为这个人最后这句话给人太多的震撼。是的，作为一个男人，或者作为一个有着生活追求的人，就不该满足于平淡的生活。虽然造物主没有给我们一双能够飞翔的翅膀，但是我们一样有飞上天空的愿望。风筝、热气球、飞机、火箭、航天器等等，无一不是带着人类飞翔的愿望被发明的。所有的一切告诉人们，即便没有翅膀，我们也一样能找到机会飞上天空。

生在这个时代，平淡不能成为一种避世的理由，很多事情，也不是你想要逃避就能够避开的。现代社会的竞争如此激烈，你要么努力地奋斗，去争取改变现状；要么被淘汰，成为那种也许你一直都不希望成为的人。

2008 年 2 月 26 日夜，《赢在中国》第二赛季三十六强进十二强的比赛已经进入了最牵动人心的时刻。评委俞敏洪此时开始对今天的一位参赛选手进行点评，当时，他也许还并没有想到，不久之后，他的这段点评将会激起多少人内心的狂澜："人的生活方式有两种，第一种方式是像草一样活着，你尽管活着，每年还在成长，但是你毕竟是一棵草，你吸收雨露阳光，但是长不大。人们可以踩过你，但是人们不会因为你的痛苦，而产生痛苦，人们不会因为你被踩了，而来怜悯你，因为人们本身就没有看到你，所以，我们每一个人，都应该像树一样地成长。即使我们现在什么都不是，但是只要你有树的种子，即使你被踩到泥土中间，你依然能够吸收泥土的养分，自己成长起来。当你长成参天大树以后，遥远的地方，人们都能看到你，走近你，你能给人一片绿色。活着是美丽的风景，死了依然是栋梁之才，活着死了都有用。”片刻的寂静后，响起近乎狂热的掌声。

一直以教师自居的俞敏洪，给人的印象更像是一位江湖豪士，他有一个理论叫蜗牛与雄鹰。俞敏洪说，人生的终极目的就是上到高峰去看风景，就是说，人生就是为了活得更精彩，不管你是雄鹰，快快地飞翔在蓝天；还是蜗牛，慢慢地在大地爬行，都是为了活的更精彩，只不过二者经过的是不同的途径。

不错，人生就是为了活得更精彩，而不是甘于平平庸庸过一生。实现自我的需要，才是人们内心能够坚持面对各种艰难困苦的真正理由。

当然，作为一种人生态度，“平平淡淡”也没有错。但是作为我们大多数一事无成的普通人来说，想要平平淡淡太容易了，只要你自甘平庸，什么都不做就行了。还有一种，如果你曾经有过精彩的人生，是那种绚烂过后的平淡。如果一个人，本身就生活平淡如水，没有取得任何成就，没去见过世界，只是坐在家里说，“平平淡淡才是真”，这样的平淡只会让人嘲笑，让人觉得自欺欺人。

平淡是真，应该是绚烂过后的平静。生如夏花之绚烂，才可以淡如秋叶之静美。或者说，平平淡淡必须有个前提，平淡不是指平庸，不是指不思进取。陶渊明“采菊东篱下，悠然见南山”，那是因为他能够写出这样流传百世的词篇。一无所有者，没有资格说出“不为五斗米而折腰”这样的话来，毫言壮语固然容易出口，但之后生活的煎熬有几个人能够承受？

不烦恼，做自己喜欢做的事

世界上不工作的人很少很少，但是不懂得工作的乐趣，总认为自己做着自己不喜欢做的事情的人很多。

经常听到一些人抱怨他们的工作，太累、工资太低、老板和同事不好相处、工作环境差、没有前途……这个时候，我总会问他们，既然这份工作有这样多的不适合你，你所处的环境这样不能让你满意，你为什么不离开它呢?

喜欢一件事才能做好它，做自己喜欢的事，才能更大程度地发挥你的潜力。我们不是说所有的工作都一定是快乐的，是让人享受的，但是就算是辛苦的工作，如果你喜欢，你也能从中找到快乐的感受。

生活在极寒之地南极大陆的企鹅，到了日本北海道旭川市旭山动物园后，会感觉到那里的气候不太适合，虽然北海道气温也低，但是相对于来自南极的企鹅来说，就显得有些炎热了。到了夏天，动物园里在企鹅园里放了冰块，当给这些可爱的企鹅喂食小鱼的时候，聪明的企鹅会先叼起小鱼，在冰上刷一遍，然后再享受这美味，就像人们涮火锅一样。

就算环境不能改变，你也可以从中间找到自己喜欢做的事情，让自己变得快乐。不管是工作中，还是生活中，如果你能够看到中间的机会，找到其中的乐趣，都能让你的生活别有一番情致。

所有人都认为工作应该是辛苦的，于是当我们还是一个小孩的时候，更多的接受到的是工作是一种辛苦，而不是享受的教育。从“谁知盘中餐，粒粒皆辛苦”到“闻鸡起舞”，从“勤勤恳恳”到“废寝忘食”，直到最后的“鞠躬尽瘁，死而后已”，我们从课本上和大多数的教育中所得到关于工作的印象都给我们这样一种意识，那就是工作必须是辛苦的。

既然工作是辛苦的，那上学呢，读书呢？在大人眼里，相对于劳作来说，读书是很好的享受了。但是小孩子想起来却不然，因为在他们眼中，读书就是一种任务，是一种工作。既然读书是工作，是任务，那么它也一定是枯燥无味的。

于是，就像大人不喜欢工作一样，孩子们也不喜欢读书。不喜欢读书却非得去读，为什么呢？因为读书能学到知识，虽然这些知识将来不一定有用，但是大人们会告诉他们，读了书，有了知识，将来就能做一些自己喜欢的事，有能力做好任何事情。

但是事实上是这样吗？真的能够想做什么就做什么？

在我们还是一个孩子的时候，我们想做飞行员、想做科学家、想做外交官、想做画家、做诗人、做解放军……凭着一个孩子的想象，我们能做一切我们想做的事情。但是慢慢长大了，我们所受的限制越来越多。开始的时候，有人告诉我们该学什么不该学什么；再后来，有人告诉我们该做什么不该做什么；到了最后，就成了我们只能做什么了。这时候，我们才发现，离现实越近，我们选择的机会越少。

很多人都会觉得自己正在做的事情不是自己喜欢做的，但是如果你问他们为什么要去做自己不喜欢的事情，他们会用一种很怪异的眼神看着你，仿佛你是天外来客一样。他们的眼神很明确地告诉你，他们之所以做他们现在的工作，是因为他们没有别的选择。

事实上是，对大多数人来说，就算是他们自己选择的工作，他们也一样会觉得工作不是一件开心的事。他们总是觉得自己正在做的事，与自己想要做的事是两码事。一些人拼命地换工作，希望能够在这些不断调整的工作中，遇到一个自己喜欢的工作。但是无论他们怎样换，做哪种类型的工作，他们总是不能让自己满意。

当然，还有另外一些人，他们虽然对自己所做的工作不满意，但是他们尽量表现得很开心。有些人说，那些成功人士就是因为能够做好自己手上的工作，才走向成功的。一些人说，只有干一行爱一行，才能够成功。于是人们出于对成功的渴望，会尽量地勉励自己去开开心心地工作。

和工作只是为了生存者不同，勉励自己去做一些自己内心很不想做的事的人，他们多数会对工作怀有更大的期望。在他们的想法中，努力开心地工作，是一种成功的方法，自己只要按这种方法去做，也一定能够成功。因为对工作有着过多的期待，所以，一旦工作不能给他们所想要的，或者是他们明白他们的努力带来的收获和旁人没有什么区别时，他们的怨恨就会爆发出来。

那些鼓励人们努力工作者总是说："天将降大任于斯人也，必先苦其心智，劳其筋骨，饿其体肤……"总之，按他们的说法，要想成就一番大事，必须受很大的苦。但是事实上，工作和生活中的磨难只会让人消磨锐气，让理想和豪气被现实的生活所粉碎。

事实上，大家都是普通人，所做的也都是普普通通的工作，如果一定要给工作装上一个伟大的意义，那样似乎显得很遥远。

有这样一个故事，三个工人在建筑工地上做事，记者去采访他们，问他们在做什么。第一个说：我在赚钱养家糊口；第二个说：我在建房子；第三个说：我在做一项伟大的事业。这个故事的作者最后告诉读者说，第一个人最后平平庸庸地度过了一生，第二个人做了包工头，而第三个，成了有名的建筑师。作者写这个故事是说，人要有远大的理想，就一定能有很大的成就。但是有理想就一定能有很大的成就吗？

我们可以做个不可能的假设，如果一个工地上，所有的建筑工人都认为自己正在进行一项伟大的事业，并且朝着更高更远的目标去努力，那么若干年后，是不是他们中间所有的人都会成为建筑师？

显然这是不可能的，就算每个人都有成为建筑师的资质，每个人都勤奋努力，但是最后做建筑工人的必定是大多数，只有极少数的人能够成为建筑师，而且还不一定是出自这些建筑工人之中。所以，试图通过热爱自己正在进行的工作，而成为另一种和自己现在工作全然不同类型的人，是一种过度的奢望。

热爱自己正在进行的工作，并尽力去做好它，可能让你成为你所在行业的皎皎者，但是一定不会让你成为另一种人。

有多少的人有过各种让自己心潮澎湃的理想，但是最后它们都消失无踪了？就像你自己，敢说过你没有对你的未来做过各样的设想？但是现在那些设想都到哪里去了？那些曾经豪情万丈的雄心，是不是依然执着？一个人对自己正在进行的工作，到底能喜欢到什么程度，这要视人而定。确实，有些人很幸运地做着一些自己喜欢的工作，在工作中，他们永远心情愉快。但是另外一些人，职业自豪感让他们不至于对自己所做的事产生埋怨，但是他们仍然会注意到一些做着比自己更轻松，拿钱更多，或者更体面的工作者，就如上面的故事讲的那样。

想做更体面的事，并不意味着你就一定要放弃现在正在做的事，同样，想做更体面的工作，也不意味着让你就必须对现在的工作充满怨言。用不快乐的心情去工作，最后受到损失的不会是工作本身，而会是你自己。我曾经在工厂看到有些实行计件工资的人，因为对工作不满意，而在上班时想尽方法拖延时间，到了最后，他们总是做出比别人少的事，拿着比别人少的钱。

诚然，一些工厂主是靠着剥削工人的劳动来赚取利润的，但这并不能成为你怠工的理由。如果不喜欢一样工作，你可以离开它。我这样说，并不是说你没有能力去找到别的工作，而是说，你没有必要拿自己的时间和心情去待在一个自己并不喜欢的工厂里面。如果你一边抱怨着工作累工资低，一边还会继续纠缠在工作里，只会让靠你的剩余劳动价值发财的人暗暗欣喜：看，这些人并没有别的地方可去，就算他们生气成这样，他们仍然必须待在我这里！

有些人不喜欢自己所在进行的事情，是因为他们对另外一些他们没有经历过的事情不太了解。比如做一个明星，在一般人看来，做明星就是对着闪光灯摆出各种姿势，或者唱几句动听的歌，或者说一些“我爱你们”之类的话就够了。但是确实这些只是表面，做一个明星一样需要面对普通工作所要面对的一些职业上的难题。比如你必须经过专业的技能学习，掌握很多表演方面的技术，你必须学会表演。同样，在你努力的过程中你需要有人赏识你，需要运气，还需要面对来自同行的竞争，需要忍受种种的不公平。唯一不同的是，对大多数人来说，明星的工作出现在公众面前的机会多很多，但是这种机会往往只属于这个行业中极少数的人。

不管怎样丰富的人生，始终也只能是一种人生，对别的工作满心向往，而厌倦自己正在进行的工作，是很多人都会犯的一种错误。

在一些特定的时刻，人们都会喜欢那些看上去很好、很悠闲的事情，比如，背着一个包去旅行，到一处风景秀丽的地方进行飘流，或者躺在某处海滩上晒太阳。这类事情总是令人向往的，但是如果让你持续地做这类事情，每天不断地重复，我敢保证，你很快就会厌倦它们，比厌倦你的工作还快。

为什么这些事情只能偶尔为之，不能一直进行呢？原因很简单，在这类事情中，你找不到任何成就感。没有成果的快乐，终究不会一直持续下去。工作会让我们疲劳，但是它会给我们带来成就感。

是的，成就感才是我们保持对工作的热情最好的方法之一。除了能够让我们挣到生活所必须的钱外，工作能让我们快乐的原因就是它能让我们从中找到一种生活的归宿感。

对于大多数人来说，不为金钱而工作，只是一种奢望，找出你所做的事情中的成就感，并从中得到快乐，应该是一件不太难的事情。不一定是高难度的工作才能给人带来成就感，普普通通的小事，也会让人感到快乐。记得小时候帮大人剥毛豆，一大堆毛豆，当看着它们一粒粒被剥完时，总是会有种“终于完成”的兴奋感。虽然一开始做事，多半会是让大人强迫从游戏中拉过去的，但是做到后来，那种成就感会让人觉得自己是自愿的，而不是被强迫的。

做好你止在做的事，抓住现在的快乐。大多数人所进行的工作都是琐碎的，从琐碎的工作中寻找快乐，远比到处没有目标地到处追寻更为现实。

就算你从十七层的楼顶掉下

很多年前曾看过一首小诗：那个老头从十七层的窗口落下，每掉到下一层，他就对着窗子里惊慌失措的人们得意洋洋地大叫：瞧，我到现在不还是没事吗？

生活中突然发生的一些重大改变，会让很多人感到沮丧和不知所措就如同一个从高楼跌落下来的人一样，前面是未知的危险，身边是惊慌失措、但是却对你毫无帮助的人们。这种时候，你突然发现，你所面临的不仅仅是很小的一点改变。

生活中最糟糕的事是什么？是没赚到足够的钱？是在精心准备的比赛中输掉了？是让心爱的人拒绝了？还是爱人结婚了，新郎不是你？每一种糟糕的事情都会让我们觉得难以面对，但是到最后我们总会发现，事情并没有变得最糟。

当我还是个小孩的时候，那时候人们还很贫穷，小孩子玩的玩具大都是自制的一些玩具。孩子们从野地里捉来昆虫和蝴蝶，从地里面找来沙子，用一些砖块建房子，在小河沟里捉鱼……种种游戏充斥着我们的童年。当然，这不是说我们不向往城里孩子所有的食物和玩具。有一次，一个小伙伴告诉我们，他家的亲戚从城里给他带来一个棒子，是一个能够闪出各种光的金箍棒，这让大家羡慕不已。在他最后终于把那个金箍棒拿出来给我们看的时候，我们大家才发现，那不过是一根普通的木头棒子，但是他的想象力仍然让大家非常快乐。

就因为这样，当我拥有一支旧的橡胶玩具手枪时，你可以想象我的那份兴奋心情。我在我家的阁楼上（那布满灰尘的地方是小孩子玩藏猫猫最喜欢光顾的地方）意外地发现了一支旧的橡胶枪。我拿着这支枪出去给所有的伙伴们看，只有最好的伙伴，才能从我手中小心翼翼地接过它，然后在手中拿上一阵子。当然，和我们分享别的玩具一样，最后所有的伙伴都有过拿着这支枪耍一会儿的经历。那一天似乎成了我们的节日，直到下午的时候，那支枪从我手中失去为止。

当天下午，我和伙伴们去村边的桥上玩耍。我就像当时电影上常见的儿童团一样，用一根树皮缠在腰间，然后把那把橡胶枪插在腰上，俨然我就成了伙伴们中的队长一般。

不幸的是，当我伏在桥边，用枪指着河里的小鱼做出射击状时，一不小心，那枪直掉进河里去了。

你可以想象我当时的心情，我恨不得从桥上直接跳到河里去把它捞上来。所有的伙伴们都停住了，他们也呆呆地看着我的那支枪在河面上迅速地漂远。因为枪管可以进水，枪是空心的，那枪漂着漂着就慢慢地沉到远处的河底中去了。

桥离水面大概有五六米高，这个高度不是我们那个年纪的小孩子敢尝试跳下去的高度。我们唯一能做的就是马上跑到河边去，到那枪沉下去的岸边，想把那枪捞上来。

我们一大群人费了很大的力，想尽了一切办法，也没能从那深深的河底找到什么，倒是用树枝拉上来很多水草之类的东西。天黑了，我仍然不愿意回家，小伙伴们也不好意思先走，大家都在河边陪着我，直到家里的大人们找过来。

让我们觉得意外的是，大人们听到我们的叙述时，并没有表现出什么意外，他们全都哈哈大笑起来。在大人看来，相对于找到晚上不回家的小孩来说，丢掉一支玩具枪实在不算什么事情。

那个晚上，父亲把我领回家，他没有骂我，也没有像别的大人那样笑话我。他只是告诉我说，那枪丢了不算什么，遇到再糟糕的事情，也不能不回家。

过了两天，父亲专程去城里，是找人借的一辆旧自行车去的。回来时，他给了我一把和我掉进河里的玩具枪一模一样的新玩具枪。

我们来到这个世界上，总会遇到一些机遇，遇到很多幸运的事，这值得我们高兴。但是我们也会遇到很多糟糕的事情，让我们觉得沮丧，觉得失去了希望。但是幸运的是，我们还能感觉到快乐和忧伤，我们知道，那些不幸终究会过去。一切都不是终点，我们还有未来，还能一直向前……

第十章 以自己喜欢的方式过一生

努力工作没有错，但是把人生的希望全部寄托在努力工作，等着那些老板或者有钱人等等能够主宰你命运的人来额外施恩，盼着有一天能凭你的勤奋感动谁，则是一种不现实的想法。

不模仿，第一永远只有一个

凡事只争第一，容易让我们陷入一种没有退路的境地。“只做第一，不做第二”，作为一种口号或者体育精神是成功的，但是把这个口号，当作一种生活方式，就会让人们失去很多生活的乐趣。

迈克尔·乔丹是NBA赛场上当之无愧的球王，他是NBA历史上第一位拥有“世纪运动员”称号的巨星，他为NBA推广到全世界，使之成为风靡全球的美国文化之一起到了巨大的作用。众多的球迷把乔丹视作自己的偶像，甚至现在的很多大牌明星也视乔丹为他们理所当然的偶像。无数人模仿乔丹投球的各种精典造型，但却没有人能达到乔丹的高度。

不管是哪个行业，不管你走的是哪一条路，你只能做到自我超越，争做第一的心态不仅给人带来的是一种攀比感，如果你不幸达不到那个高度，那么这种想法还会给你带来严重的挫折感。

无数人成功的经历会让年轻人所津津乐道，也许，有很多年轻人把这些人当作了自己的偶像，曾经在心中暗暗发誓，自己一定要做一个这样的人物。这种偶像情结，会让人们不自觉地去模仿偶像的行为，但是能模仿的只是一些表面，或者极少的一部分。世界上没有两片完全相同的树叶，同样，世界上也没有两个完全相同的人。一个人之所以成为独特的他自己，除了个人能力，还有种种的客观原因在中间起作用。成功的经验也许可以汲取，但是真的无法模仿。

有人曾经说："如果你要做一个什么样的人，那么你做什么事情时，就要想想你的偶像是怎样做的；当你遇到难以面对的事情时，你也可以想想他会怎样做。以偶像为目标，总有一天你会成功，会成为他那样的人。"真的会是这样，模仿偶像就会成为偶像那样的人？偶像之所以成为偶像，在于他们的独特性，在于他们的与众不同。同样，我们每个人，包括你自己身上也有你固有的独特性，能够找出这种独特性，把它们做到最好，你才是成功的。

如何才能打造一个全新的自己呢？很多人会说：我对社会一无所知，也缺少现实的经验，借鉴一些别人的经验，向别人学习总是没有错吧。是的，成功的经验可以用来借鉴，但是如果一味地在借鉴这些经验时进行模仿，你就会失掉自己的想法，被前人经验所给你的那些条条框框所限制。

曾经被认为是乔丹接班人的勒布朗·詹姆斯有句广告词："不做下一个谁，只做第一个我。"这句话也许可以看做人们把他视为第二个乔丹的最好回答。

勒布朗这样说，并不是因为过于自负，而是他清楚，自己并非乔丹，也没有办法模仿乔丹，他的身高比乔丹高两寸，体重比乔丹重三十五磅。身高和体重决定了，他不可能像乔丹那样打球。不能走乔丹所走的路，但是能走自己的路。这就是勒布朗所说的“只做第一个我”。

很多NBA球员都有自己的偶像，勒布朗也有偶像，而且他的偶像正是乔丹，但是这并不妨碍他走自己的成长道路。作为一个从社会底层奋斗起来的例子，勒布朗清楚地知道自己的缺点和优点，所以他并没有打算模仿哪一位成功的前NBA球星，而是选择属于自己的方法，走一条属于自己的路。

从某种意义上来说，如果你有足够的信心，即使崇拜某人，那么也不应该会让他头上的光环来挡住你的眼睛，让你失去正确选择的机会。

我们不要总是盼望着做好下一个谁，人生要做的最重要一件事，就是做好自己。有人这样形容，人生就像一个牌场，每个人手中都有一把牌。有的人手中是一把好牌，有的人手中是一把乱牌。而每个人要做的是，不管你手中的是好牌还是乱牌，你都要尽量地出好每一张牌，做到最好。

懒惰哲学——花点时间享受生活

二十二岁，刚刚从大学校门走出来的你立下理想，一定要在三十岁前赚够人生的第一个一百万。

有了理想之后，你开始思考自己该怎样去做。没有背景，没有社会关系，没有最早的创业资金，没有经验，白手起家的你能选择的第一步只是去打工。

几经周折，终于进了一家公司。培训课上，公司的培训师告诉大家，要成功，你就得努力去做，只有这样，你才能拥有和别人竞争的优势。

于是你努力了，但是你发现，不管你怎样努力，你始终无法从你的工作中看到更大的希望。而且你发现，工作中处处充满着不公平，你努力工作，你付出，但是你所得到的并不比别人多。

你试图找出答案，有人告诉你，你不能只看眼前，如果你努力工作，总有一天，你会得到老板的认可。而且，你正在做的每一项工作中，都包含着让你成长的机会。

哦，原来是这样，你又一次有了信心。书上告诉你，天才出自勤奋；还告诉你，只要你踏实肯干，你就能取得更大的成绩。你只想在三十岁前赚到一百万，你并没有想去得到更多，如果书上说的是真的，别人告诉你的也是真的，那么，三十岁前达到这个目标应该不是太难的事情。你只要努力勤奋地去做事就行了。

但是事实好像并没有给你这个机会，每个月领到的薪水和你的花销，使你能轻易地计算出，如果不出意外，你的目标是基本上没有机会实现。

总有人在你迷惘的时候出来告诉你一些经验。这时候，又有人告诉你，工资会涨的，总有一天，你能拿到很高的工资，而这是和你的努力和勤奋成正比的。总之一句话，你如果想要得到你所要的，你就努力工作，如果你不努力，你最终将一无所获。

这一次，你又相信了，可是半年之后，该是涨工资的时候了，你拿到工资单，发现上面的数字只比上个月多了五十块钱。

你为这可怜的五十块钱而沮丧，幸好你还有自己的人生准则：好好做事，奇迹往往发生在最后一刻。

果然奇迹发生了，一个更不好的消息传来，公司由于经营不善，宣布倒闭。你前面的努力和勤奋一瞬间成了泡影。

这世界上多的是勤奋工作的人，他们每天工作十个小时以上，休息的时间很短，但是最后的结果并没有像一些书上所说的一样，遇到欣赏他们的勤奋的老板，而一下获得公司的股份，或者是很高职位的提升。

努力工作没有错，但是把人生的希望全部寄托在努力工作，等着那些老板或者有钱人等等能够主宰你命运的人来额外施恩，盼着有一天能凭你的勤奋感动谁，则是一种不现实的想法。

还记得那些靠股票发财、一夜暴富的新闻吗？每当出现一个这样的新闻时，媒体上总是会沸沸扬扬地宣传好几个月，有时甚至好几年过去了，人们还在回忆那个中了巨额大奖的幸运者。但是每个人在盯着那个幸运者时，都会忘记一件事，那就是每一个幸运者后面，必定会有一个近乎天文数字的失望者。

把幸运寄托在勤奋工作上，比那种靠运气发财稍微要好的是，有些时候，我们是在为自己做事。但是即便是给自己做事，过分的劳累，也会给人生带来很多损失。

前段时间看报道，上面有一则新闻，两兄弟在煤矿挖煤，攒了近百万，但是不幸染上了尘肺病，花光了所有的积蓄。类似的报道很多，每一例都让人触目惊心，很多人为了生存，而去从事一些高危的职业。还有些人因为长期的劳累过度，而患上各种劳累性的疾病。

要工作，还是要健康？过度的劳累对身体带来的危害显然要大于它所能带给我们的收益。很多人鼓励人们去努力工作，甚至宣扬为了工作可以牺牲一切，直至生命和幸福。这种价值观显然仍然宣扬的是那种过时的“唯利是图”想法所致，违反了以人为本的原则。

诚然，工作努力是人们应该具备的一种品质，但是人生的本质是生活，工作只是人生的一部分。如果让工作占据我们生命的全部，那样的人生，无疑是一种缺憾。

人们在判定一个人是否成功时，往往会把他的成功定义在工作上，而忽略了别的方面。

为什么人们判断一个人是否成功，总是用物质，而不是用别的来衡量呢？比如说健康、对亲人的爱、陪伴家人的时间，这些也是一个人生命中很重要的事情，但是人们偏偏会忽略这些。

抛开那些工作带给我们的成就感，工作实现人生目标等等说法，其实工作对我们来说，最重要的是它能给我们带来金钱上的收入。虽然听很多人说过，即使自己有钱了，也一定会好好工作。但是我们没有看到，有多少人愿意去做没有报酬的工作？

金钱决定了工作的价值，但是不能决定生命的价值。我们可以用工作去换取金钱，但是不能牺牲自己的生命和所有生活的价值去换取金钱。不管工作多么繁忙，留些时间给自己，留些时间给亲人，留些时间给朋友。

在你考虑这个问题时，我们可以想一想你前面忙忙碌碌的一周是怎样过的。在过去的时间里，你有多少时间是花在工作上？有多少时间是花在你想要做的事情上？还有多少时间是在陪伴你的亲人和朋友？有多少时间在看一本你爱看的书？你有没有去过电影院和运动场，你有没有休息过？

很多人的时间都是花费在了工作上，又是工作！为什么总是工作，而不是别的其他？

我们完全可以选择另一种更为理想的方式生活，可以用更多的时间去做那些我们认为并不紧急的事情，虽然相对来说，工作显得更为紧急，但是做好你自己，应该是更为重要的事情。

一个值得拥有的梦想

传统的教育告诉人们："志当存高远"，"不想当元帅的士兵不是好士兵"。都是告诉人们，要做大事，即使身处社会最底层，也要怀着向上爬的梦。

不错，小人物也应该有梦想，小人物也应该希望自己能飞翔，但是小人物不该总是惦着大人物的位置，小人物有小人物所处的位置，安于自己的位置，做好自己该做的事，才能抓住自己心中的快乐。

大多数时候，我们内心的浮躁，在于我们总追求那些更高更远的东西，而忘记了眼前的幸福和快乐。陈涉说："燕雀安知鸿鹄之志！"最后他一个在农田给人家打工的朋友，成了陈王，成了一国之君。于是天下种地的都知道了他的这句话，知道了原来农民也可以做皇帝，于是大家一窝蜂地都往那上面想。可是皇帝只有一个，于是就只有纷纷扰扰地拼夺争抢。一句"王侯将相宁有种乎"让多少身处低位的人心潮澎湃，大家都渴望能登上高位，去做一番惊天地泣鬼神的大事业。

现实生活中，我们能遇到很多胸怀大志的人，他们不屑于平凡的小事，总是想找机会成就一番大事业。但是不幸的是，他们中的大多数人都从事着平凡的工作，每天忙碌着一些烦琐的小事。因为工作和愿望不相一致，这类人常常感叹怀才不遇。

不管多大的成功，都来源于简单的工作积累，没有人一开始就能成功。细微之处，最能看出一个人。对于成功者来说，大事小事，都是点点滴滴的积累，能做好小事，才能做大事。

海尔集团总裁张瑞敏说："如果让一个日本人每天擦一遍桌子，他一定会始终如一地做下去；而如果是一个中国人，一开始他会每天擦六遍，慢慢他就会觉得五遍、四遍也可以，最后索性不擦了。中国人做事最大的毛病就是不认真、不到位。每天工作欠缺一点，天长日久就成为落后的顽症。"

不甘于做小事者，总是会喜欢在细节上不认真，敷衍了事。

人应该有个生存目标，有了目标的生活才能让人看到希望。但是确定目标不宜过高，不符合实际的目标只会让人可遇不可求。对自己能力的正确评价和目标的切合实际，就是成功的最好基础。

人们都有这样一种想法，认为除了大事，小事都是不屑于做的。中国人太多，一心想做大事的人也多，大家都想做大事了，就总是不能安心地把小事做好。但是须知，很多大事都是由一些小事来决定的，没有千千万万的小事，就不可能变成最大。

一台拖拉机，有五六千个零部件；一辆小轿车，有近万个零部件；一架大型客机，有几百万个零部件……每一个零部件后面都有一个生产它的小人物，这每个小人物都可以说：我是制造小轿车的，我是制造大飞机的。伟大的事业，都是由若干具体的琐碎的小事构成。这些小事也许过于平淡，你无法从中找出让你觉得轰轰烈烈的情节来，但是，正是这些小事，成了成就大事不能缺少的部分。

有一个著名的传奇故事。在1485年的波斯沃斯战役中，英国国王理查三世和里奇蒙德伯爵的军队之间，马上就要进行一场大战了，这场战斗将决定他们谁能统治英国。准备进行决战的当天，理查国王派他的马夫去准备好他的战马。

铁匠告诉马夫，他少了一个马钉，他希望马夫能稍等一会，让他准备一下，但是马夫却不耐烦地催促着铁匠。最后，铁匠无可奈何地把一只马掌上少钉了一个铁钉。

最后时刻，理查国王骑着少钉了一个马钉的战马上战场了，正当战斗进行到最紧张的时刻，国王身先士卒冲向敌人的时候，一只马掌掉了，战马跌倒在地，理查国王也掉落下来。士兵们纷纷转身撤退，敌人的军队冲上来了，很快包围了理查国王。

后来，民间就开始这样流传：少了一个铁钉，丢了一只马掌；少了一只马掌，丢了一匹战马；少了一匹战马，败了一场战役；败了一场战役，失了一个国家。

莎士比亚的名句："马，马，一马失社稷！"让这一战役广为流传。而这所有的故事，都只源于一个马夫和一个铁匠。

任何一件大事都是由若干的小事组成，许多看起来不起眼的小人物，往往能决定一些重要的事件。

耶鲁大学历史教授保罗·肯尼迪写了一本新书，在这本书中，他讲述了他对第二次世界大战的研究成果。

在以往的对二战的研究中，人们更多提到的是那些二战中的风云人物。人们认为罗斯福、斯大林、邱吉尔等等这些人的领袖意志和战略眼光是最终盟国战胜轴心国的必要条件。保罗·肯尼迪在书中直截了当地再次提出了这个问题：盟军为什么赢得了胜利？他提出了五个简单的问题，并逐章进行了回答："如何把护航舰队送过大西洋？""如何赢得制空权？""如何阻止闪电战？""如何战领敌方海岸？" "如何克服太平洋上'距离带来的不便'？"

答案是多层次的，不仅仅是因为有罗斯福、邱吉尔、斯大林这样的伟大政治家，也不只是因为有蒙哥马利、艾森豪威尔、朱可夫那样的将军。保罗·肯尼迪在书中介绍了英国和美国一些当时重要的军队工程师和他们的军事发明，并且提到了很多不为世人所熟知的名字。例如珀西·霍巴特爵士，这位退休了又重新被征召回去的英国军官把普通的步兵坦克车改装成浮动保垒，把另一种坦克装上带有大型的剪钢丝剪的装甲车，这些发明成了登陆敌方海岸不可或缺的装备。保罗·肯尼迪还在书中提到了美国海军将军本·莫瑞尔，他在很早的时候就想到，要让各种技术人员和工程人员帮助作战部队。在主太平洋地区，工程人员们在很短的时间内就修建了111条大型跑道和400座突堤，同时还在大西洋上搭建了无数的钢铁浮桥。

肯尼迪认为，正是这种种的细节还有轴心国所犯的错误，加上各种战略原因导致了盟军的胜利。

当然，战争初期盟军也犯了很多错误，但是盟军不断地纠正各种错误。他们大量地听取中层军官、工程师和来自各地的作战部队的意见。这种做法使盟军能够如邱吉尔所说的“正确使用力量”而获胜。

每一个人都可能重要，每一件小事都可能最终影响一件大事的结果。

假如你天生或者你现在就是一个小人物，那么你大可安心做好你的小人物，做一个父母可爱的子女；做一个孩子可爱的父母；做一个爱人可爱的伴侣。

不是只有当上将军才是一个士兵的梦想，如果你是士兵，可以做一个好的士兵；不是只有成为大企业家才算得上是成功，如果你只是一家小店店主，经营好你的小店，给每个顾客带来欢笑，也是一种成功；不是只有当上大官才是锦绣前程，如果你只是一个普通市民，做一个言行举止良好，一个受人尊敬的人也能成就你的人生。

元帅有元帅应有的品质，能做一个好士兵，不一定就是一个好元帅。一个士兵所要承担的责任，和一个元帅所能承担的责任，完全是天壤之别。一个士兵只需要对自己所做的事，对自己的上级负责；而一个元帅，却要对千军万马，对整个战役负责。

如果一个士兵，能够作战勇敢，服从命令，那他就是一个好士兵。同时，如果一个士兵，一心只想往上爬，想升官进爵，贪生怕死，那他就肯定不是一个合格的士兵。一个好士兵，即便他没有元帅梦，我们也敢肯定地说他一定是一个好兵。

称为“世界上最厉害狙击手”之一的张桃芳，使用苏联制式“莫辛纳干”步骑枪，没有瞄准镜。在1952—1953年的朝鲜战争中，张桃芳担任狙击手，毙敌214名，被志愿军总部和朝鲜最高人民会议常务委员会授予特等功、二级英雄和朝鲜一级国旗勋章。这样的士兵，即使他没有做元帅，也没有做元帅的梦想，你能说他不是一个好士兵吗？

一个人是否成功，并不能仅仅看他登上了多高的位置，而要看他在自己位置上所做的努力。

人生的目的是做好自己，从自己身边的小事做起，尽力去做。假如你是一个士兵，你就应该力求做一个好的士兵；假如你是一个农民，你就应该好好种好你家里的地；假如你是一个工人，按时按量完成你的工作，就是最好的工人。安于平凡，而又努力做到你力所能及的事。

一个士兵如果有元帅的潜质，他渴望做一名叱咤风云的元帅，这肯定没有错；但是如果一名士兵他的能力和资质没有机遇只能够当好一名士兵，那么他安心地做一名好士兵，也未尝不可。

士兵有士兵的梦想，元帅有元帅的职责，只要能做好自己，找到生活中的平衡点，就能找到真正的人生成就。